抗暖化，我也可以

氣候變遷與永續發展

張瑞剛　著

出版心語

　　近年來，全球數位出版蓄勢待發，美國從事數位出版的業者超過百家，亞洲數位出版的新勢力也正在起飛，諸如日本、中國大陸都方興未艾，而台灣卻被視為數位出版的處女地，有極大的開發拓展空間。植基於此，本組自2004年9月起，即醞釀規劃以數位出版模式，協助本校專任教師致力於學術出版，以激勵本校研究風氣，提昇教學品質及學術水準。

　　在規劃初期，調查得知秀威資訊科技股份有限公司是採行數位印刷模式並做數位少量隨需出版〔POD＝Print on Demand〕（含編印銷售發行）的科技公司，亦為中華民國政府出版品正式授權的POD數位處理中心，尤其該公司可提供「免費學術出版」形式，相當符合本組推展數位出版的立意。隨即與秀威公司密集接洽，雙方就數位出版服務要點、數位出版申請作業流程、出版發行合約書以及出版合作備忘錄等相關事宜逐一審慎研擬，歷時9個月，至2005年6月始告順利簽核公布。

　　執行迄今，承蒙本校謝董事長孟雄、陳校長振貴、黃教務長博怡、藍教授秀璋以及秀威公司宋總經理政坤等多位長官給予本組全力的支持與指導，本校諸多教師亦身體力行，主動提供學術專著委由本組協助數位出版，數量逾40本，在此一併致上最誠摯的謝意。諸般溫馨滿溢，將是挹注本組持續推展數位出版的最大動力。

　　本出版團隊由葉立誠組長、王雯珊老師、賴怡勳老師三人為組合，以極其有限的人力，充分發揮高效能的團隊精神，合作無間，各司統籌策

劃、協商研擬、視覺設計等職掌，在精益求精的前提下，至望弘揚本校實踐大學的校譽，具體落實出版機能。

實踐大學教務處出版組　謹識

2012年2月

沈序

　　近年來，全球極端氣候事件發生機率明顯增多，2011年水淹泰國首都曼谷、2012年冰封北半球連羅馬都覆蓋白雪片片，我國也是，降雨極端化、夏季高溫熱浪、冬季寒流強襲，氣候異常現象，更讓民眾深刻感受到氣候變遷所帶來對生活的影響及對全球的衝擊已是無法避免的現象，因應之迫切性也就不容置疑。舉凡生態環境、社會經濟、衛生防疫及糧食安全等眾多衝擊，都需要地球村每一分子共同承擔、當前國際社會共同面對的重大挑戰。

　　就我國而言，99.34%以上能源係仰賴進口而來，在顧及能源安全及確保未來世代需求亦能被滿足下，唯有提昇能源效率、發展再生能源、創造綠色商機，及轉化高溫室氣體排放量與環境嚴重破壞的危機，才能真正達到建構低碳永續家園之理想目標。

　　爰此，環保署正積極從生態綠化、綠色運輸、建築綠化、設備節能、再生能源、防救災與調適、低碳生活、資源循環、法律與經濟財稅工具、社會行為科學與評比工具等十大面向，建構國家整體運作機制，並透過經濟改造、社會改變、民眾與產業配合，共同建立「健康、永續、低碳的台灣」。

　　本書從「氣候變遷」及「永續發展」之相互關係，蒐集國內外相關科學理論、數據、實例及應對策略等資料，利用深入淺出的文字及圖片，讓讀者逐步瞭解全球暖化與氣候變遷的嚴重性，並引導讀者進而深思人類對

環境的義務，期能改變觀念行為，積極因應急遽且災難性的氣候變遷，同時持續朝永續家園邁進。

行政院環境保護署署長

沈世宏

自序

　　教了多年的「氣候變遷與永續發展」，壓根兒沒想過要出書。當看過陳文茜小姐主持的《文茜世界週報》、《文茜世界財經週報》及製作的《±2℃——台灣必須面對的真相》後，我開始自問，除了上課外，能為「氣候變遷與永續發展」做什麼？經過數月思量後，決定以不同於以往書籍撰寫方式，來推廣「氣候變遷與永續發展」的理念，並希望能推及至高中以下。

　　為了方便讀者閱讀及舉一反三，各章節都會先給予最簡要的「基本理論」，以發生於國內外的事件為「基本理論」之「實例解說」；再以「知識連結」補助「基本理論」不足之處，並以「活學活用」來提醒讀者如何「節能減碳」及「永續發展」；最後以漫畫及實例來加深讀者的印象。

　　書中引用政府機構的文宣或相關資料時，為忠於原文，盡可能以實文呈現；有關名稱之翻譯，是以政府公布或習慣用語為主。

　　感謝三軍總醫院蘇文麟醫師及饒樹文主任對書中有關醫學名詞及解釋的指導、謝謝至南極八次科學考察的王新民先生提供的企鵝相片、深謝秦大河院士及翟盤茂副院長的協助及關心；對於大直劍潭里畢無量里長熱心導引及解說，深感致謝；並對野蔓園樸門農場亞蔓先生之協助及講解，深為感激。謝謝林育辰先生的鼎力相助，本書大部分漫畫都是其所創繪，由於他的簡潔畫作，而使本書讀起來更為生動。

會教「氣候變遷與永續發展」課程，真的是無心插柳；要感謝東吳大學黃顯宗教授熱心召集與指導，作者才會在學校授此課程。在此，再次謝謝黃教授的熱心與對「永續發展」的奉獻。

　　匆促付梓，定有查覺不到的錯誤，敬請前輩、學者與專家們不吝指正，以使本書更好、更完整。

　　最後，感謝所有支持寫本書的朋友們，謝謝您們的鼓勵與愛護。

張瑞剛　序於實踐大學

2012年1月

目次

第1篇
氣候變遷

第1章　前言

基本理論

　　氣候變遷（climate change）是指氣候平均狀態統計學意義上的巨大改變，或者持續較長一段時間（典型的為10年或更長）的氣候變動。其是一門以數學、物理、化學為基礎，包含了氣象、海洋、冰川、生物、地質等自然科學，及社會、經濟等人文科學的跨領域、跨國界的新學問[58]。

　　由於氣候變遷對人類生存環境已造成重大影響，其目前已是聯合國和國際社會共同關注之重要議題，而其也攸關我國相關產業之永續發展。當馬爾地夫等小島國成為首批沉沒於海水之島嶼時，台灣嘉義東石港、屏東的林邊東港、雲林的石化工業區麥寮等地，有可能會一起沉沒或遭海水侵蝕。而當全球溫度每增加1度，台灣前10%的「強降雨」就會增加140%，前10%小雨就會減少約50%[114]。2009年9月21日我國政府正式對外宣布，決定爭取參與《聯合國氣候變化綱要公約》（聯合國中文譯名為《聯合國氣候變化框架公約》（United Nations Framework Convention on Climate Change，簡稱UNFCCC））所建構的京都機制，將其作為優先推動的目標[38]。

　　氣候變遷和自然災害之間存在著密切關係，特別是地球暖化（global warming）可直接引起水資源短缺，而間接對農業生產、生態安全和人類健康帶來威脅[105]。其所引起之海平面上升，將衍生出諸多毀滅性的災難，對人類社會造成重大災害。地球暖化還會影響一些極端氣候的強度和頻

率，使自然災害加劇，破壞人類生存環境和經濟繁榮發展。

　　雖然世人於1920年至1944年間，已觀測到全球氣候發生明顯的暖化現象，但當時有關氣候變遷的描述，只有布萊爾（T. A. Blair）於其所著《世界和區域氣候學》中有簡單的提及。他認為人類對氣候的影響是局部性和短暫性，不會對整個氣候系統有所影響。此觀點主要源於19世紀初，在歐洲已觀測到氣候溫度的變化現象；接著是19世紀中葉，氣候溫度也較同時期的平均溫度低；但到了19世紀末，氣候溫度又回升至歷史的紀錄。當時盛行的觀點是，地球氣候是穩定的；這種理論一直持續至20世紀50年代，因北半球的氣溫普遍上升而改變[32]。

　　同時期，有越來越多的科學家注意到，因人類活動所導致全球暖化巨變的可怕現象。在1957年至1958年國際地球物理年間，展開了一個重要科研項目，就是在夏威夷冒納羅亞觀象台進行二氧化碳濃度觀測。這項觀測以及稍後在世界其它地方進行的觀測，都證實了大氣中的二氧化碳濃度一直持續增加中；這些觀測證明了人類活動，正在破壞大氣層。目前科學研究證實，因人類活動所產生的二氧化碳，已對大氣層、海洋和生物圈造成嚴重的傷害[59]。1985年於奧地利的菲拉赫（Villach）所召開的國際會議上，結論是人類活動正在引起全球氣候暖化，假如不予以控制的話，將會導致災難性的氣候變遷[92]。

　　聯合國副祕書長兼聯合國環境規劃署執行主任施泰納於2011年7月20日向聯合國安全理事會報告「氣候變遷可能威脅國際和平安全」專題，他說雖然現階段無法以科學來解釋氣候變遷的全部成因，但有氣候變遷卻是事實，不僅在發生，而且正在加速發生，其目前正影響全球社會各層面。最悲觀的預測是，如在2060年前全球氣溫上升攝氏4度，則於一個世紀內，海平面將上升1公尺。氣候變遷可能以指數級（exponential order）擴大自然災害規模，甚至對世界安全構成威脅。施泰納並強調說，氣候變遷

會引發許多自然災害，而且將引發更多自然災害。例如索馬利亞正在遭受的乾旱、巴基斯坦2010年的特大洪災等等，且自然災害的規模將以指數級擴大。其同時認為，規模不斷擴大的自然災害，不僅造成經濟損失，而且將引發糧食危機，進而對全球安全構成威脅。施泰納說：「貧窮和上升的海平面將會威脅全球和平與安全。」[103]

電影《2012》是2009年全球最熱門的話題，如果說「安全」的含義，在冷戰時期主要是指軍事因素，在後冷戰時期主要是指經濟因素的話，則今天它的含義已是擴展到氣候變遷領域了。其不僅是國際社會空前關注的重要議題，更是影響全球安全的新威脅。水資源爭奪可能是未來造成戰爭的因素，而氣候變遷對世界的威脅遠遠大於恐怖主義的說法，將不再是危言聳聽了。

實例解說

依據美國能源部於2006年所公布之資料，台灣地區於當年之人均二氧化碳排放量（簡稱排碳量）高達13.19公噸，是世界人均排放量的3倍；除石油輸出國外，高居全世界第7位。

高雄市民人均排碳量更高達34.7噸，是世界人均排放量的8倍，為全球人均排放量最高的城市；這也許是政府長期以來，將高雄當作能源生產與供應基地的結果。高雄市政府於2010年3月19日確立，將以2005年排碳量為標準，於2020年將高雄市打造為減量30%的低碳城市與節能社區[29、128]。

知識連結

氣候變遷的含義非常廣泛，它可以包含地球歷史上發生的各種或冷或熱的變化。但目前所討論的氣候變遷，主要是指自18世紀工業革命以來，人類大量排放二氧化碳等氣體所造成的全球暖化現象。在各種溫室氣體

中，二氧化碳的吸熱能力其實不是最強的。二氧化碳之所以成為全球暖化問題的核心，是因為工業革命以來，大氣中二氧化碳含量急遽增加，是導致氣候暖化的主因。一個可供參考的極端例證是，金星的濃密大氣中絕大部分是二氧化碳，劇烈的溫室效應使金星表面溫度最高達到攝氏460度左右[74、105]。

聯合國政府間氣候變遷委員會（Intergovernmental Panel on Climate Change，簡稱IPCC）是一個附屬於聯合國之下的跨政府組織，它是於1988年由聯合國環境規劃署（United Nations Environment Programme，簡稱UNEP）和聯合國世界氣象組織（World Meteorological Organization，簡稱WMO）所共同成立；其專責研究由人類活動所造成的氣候變遷相關議題，及發表與執行UNFCCC有關的專題報告。亦就是，IPCC依據成員提供的資料、數據及已發表的科學文獻來撰寫報告，以提供世人有關氣候變遷正確且客觀的科學知識、氣候變化及其潛在的環境和社會經濟影響[149]。

《聯合國氣候變化框架公約》是應對「氣候變遷」的第一份國際協定，這份協定於1992年在巴西里約熱內盧舉行的聯合國環境與發展大會（United Nations Conference on Environment and Development，簡稱UNCED）上通過，目前有191個締約方，但它沒有設定強制性減排碳量目標。而《京都議定書》在1997年《聯合國氣候變化框架公約》第3次締約方大會上通過，它是設定強制性減排碳量目標的第一份國際協定[151]。

活學活用

如果您許願時，要期望人類有面對「氣候變遷」事實的勇氣。非洲有句古諺：當您許願時，同時也要採取行動；鼓勵身邊的人多注意「氣候變遷」的現況，盡可能學習與瞭解「氣候變遷」的知識，然後把知識變成行動的力量。

基本理論

自從工業革命以來，人類的經濟活動大量使用化石燃料，已造成大氣中二氧化碳等6種溫室氣體（二氧化碳（CO_2）、甲烷（CH_4）、氧化亞氮（N_2O）、氫氟碳化物（HFCs）、全氟碳化物（PFCs）、六氟化硫

1995年以前，阿拉斯加波弗特海（Beaufort sea）的浮冰數比今日多很多，而現在，波弗特海在夏天的融冰量遽增，導致北極熊的覓食方式需要改變。而北極熊是氣候變遷下最受威脅的大型哺乳動物。

（SF_6）的濃度急速增加，產生愈來愈明顯的全球增溫、海平面上升及全球氣候變遷加劇的現象。其對水資源、農作物、自然生態系統及人類健康等各層面，造成日益明顯的災害危機。為了抑制人為溫室氣體的排放，防制氣候變遷，聯合國於1992年地球高峰會舉辦之時，通過UNFCCC對「人為溫室氣體」（anthropogenic greenhouse gas）排放限制，做出全球性管制的宣示。為落實溫室氣體排放的管制，1997年12月於日本京都舉行UNFCCC第3次締約國大會，通過具有約束效力的《京都議定書》（Kyoto Protocol），以規範已開發國家之溫室氣體減量責任及排碳標準。即是在2008年至2012年間，將已開發國家的二氧化碳等6種溫室氣體的排放量，在1990年的基礎上平均減少5.2%[149]。

《京都議定書》是於1998年3月16日至1999年3月15日間開放簽字，條約於2005年2月16日開始強制生效，於2012年到期。至2009年12月，已有184個《公約》締約方簽署該《議定書》。這些國家的溫室氣體總排放量，已超過全球排放量的61%；遺憾的是美國布希政府於2001年3月宣布退出，美國也是目前唯一游離於《京都議定書》之外的已開發國家。另聯合國確認《京都議定書》適用於澳門特區[99、151]。

《京都議定書》是《聯合國氣候變化綱要公約》的補充，它與《聯合國氣候變化綱要公約》的最主要區別是，《聯合國氣候變化綱要公約》鼓勵已開發國家減排碳量；而《京都議定書》則是強制要求已開發國家減排碳量，且具有法律約束力。《京都議定書》需要占1990年全球溫室氣體排放量55%以上的至少55個國家和地區批准後，才能成為具有法律約束力的國際公約。聯合國為了制定2012年之後已開發國家的減排目標，於2005年在加拿大蒙特婁舉行的聯合國氣候變遷會議中，決定設立特設工作組，並稱之為「附件一締約方進一步承諾特設工作組」[91、149]。

　　高雄市每天將近有上百萬輛機車在街頭奔馳，排碳量非常驚人。以每輛機車每日行駛約20公里計算，一個月將達600公里，月排碳量就超過160公斤。大家應多搭乘大眾運輸，因為少一輛機車上路，就等於每年為地球多種了20棵樹。

　　目前全球溫室氣體的含量為430ppm（parts per million，百萬分之一），而工業革命之前其為280ppm。依目前日漸加快的排放速度，至2035年溫室氣體濃度將達到550ppm，這幾乎是工業革命之前的2倍，是幾百萬年以來從沒有過的。

　　「京都機制」是指批准《京都議定書》的已開發國家，為達到削減使地球暖化的氣體量之目標，而設置的一種彈性措施。其中包括：1.和其它已開發國家一起，在共同實施削減溫室氣體的基礎上，共同減量（Joint Implementation, JI）；容許此些國家以推動共同排放減量計畫的方式，向其它國家交換或取得所謂「碳排放減量單位」額度。2.通過對開發中國家進行技術援助，將削減之溫室氣體部分，可納入已開發國家之排放額度範圍的「清潔發展機制」（Clean Development Mechanism, CDM）。即其容許所有已開發國家，以推動共同排放減量計畫的方式，協助開發中國家推動相關排放減量計畫，已開發國家則可以取得所謂「被認證的排放減量」額度。3.溫室氣體的排放權及額度之交易（Emission Trading, ET），容許所有已開發國家以交易方式，向溫室氣體排放量尚未達到容許排放配額的國家，取得其尚未使用或剩餘之「排放配額」額度[91、99、143]。

　　《議定書》是《公約》的補充，它與《公約》的最主要區別是，《公

約》鼓勵已開發國家減少排碳量，而《議定書》強制要求已開發國家減少排碳量，具有法律約束力。

遺憾的是，根據《京都議定書》的排碳目標，加拿大必須在2012年把排碳量減至1990年標準之下6%；但實際上加拿大至2011年12月的排碳量比1990年高出35%（須繳罰款約新台幣4,110億元）。因而加拿大於2011年12月12日宣布正式退出《京都議定書》，成為第一個正式宣告退出的國家。

活學活用

全球氣候及生態異常現象，是與過量的人為排碳量有關，為了我們大地的母親——地球，只要大家在日常生活作一些小改變，就會有排碳量減量的效果。讓我們從追求物質享受的生活方式，回歸到關懷環境、簡樸的生活態度，就可以落實減量行動，為地球盡一分心力[63]。

現今，地球大氣層中的二氧化碳比工業革命前還多了1/3，如果此種趨勢持續下去，到了2050年也許會再多一倍，沒有人知道其會對地球和所有生物造成什麼影響。

基本理論

第13次《聯合國氣候變化綱要公約》締約方會議，於2007年12月在印尼巴厘島舉行；其通過了《巴厘路線圖》（Bali Road Map），規定在2009年年底前，在哥本哈根召開《聯合國氣候變化綱要公約》締約方第15次會議，須通過一份新的《哥本哈根議定書》，以代替2012年即將到期的《京都議定書》[108]。

《哥本哈根議定書》全名是《聯合國氣候變化綱要公約》締約國第15次會議（The Fifteenth Conference of the Parties, COP15）協議，其是於2009年12月7至19日在丹麥首都哥本哈根的貝拉會議中心召開。共有192個國家的環境部長和相關官員，在哥本哈根召開聯合國氣候會議，商討《京都議定書》到期後的後續方案，並就未來因應氣候變遷的全球行動，簽署新的協議。內容主要包含以下3點：1.地球氣溫上升上限目標為2℃，各國必須在2010年1月底前，提報各自減碳目標，並且在未來每2年應檢討一次。至2015年時，必須依更新的科學數據重新檢視協議，其包括將控溫目標降至1.5℃等。2.成立「哥本哈根綠色氣候基金」，要求已開發國家須在2010年至2012年這3年內，籌集300億美元，且在2020年之前籌足至1,000億美元，提供給開發中國家對抗氣候變遷。3.新氣候議定書草案必須延到2010年在墨西哥坎昆市舉行的氣候公約締約國大會時（COP16／CMP6）再予討論，以期有機會轉化為國際條約[104、149、151]。

毫無疑問，哥本哈根會議對地球今後的氣候變遷走向，產生決定性的影響，故被稱為「拯救人類的最後一次機會」的會議。

美國總統布希於2007年12月19日簽署了《新能源法案》，由於美國參眾兩院之前已分別通過了該法案，布希簽署後，此法案正式成為美國的法律。布希當天在能源部舉行的簽字儀式上說，美國面臨最為嚴重的長期挑戰，是對石油的依賴性；而新法案可有效彌補美國此一弱點。它標誌著美國在減少石油依賴性、應對全球暖化和增加可再生能源等方面邁出了一大步。根據《新能源法案》，到2020年，美國汽車工業必須使新產之汽車耗油比率降低40%，使新產之汽車達到平均每加侖可行駛35英里（1英里合1.6093公里）的水準。這是自1975年以來，美國國會首次通過立法提高汽車耗油標準[13]。

碳交易是《京都議定書》為促進全球溫室氣體排減，以國際公法作為依據的溫室氣體排減量交易。在6種被要求排減的溫室氣體中，二氧化碳（CO_2）為最大宗；此種交易是以每噸二氧化碳（tCO_2e）為計算單位，所以通稱為「碳交易」，其交易市場稱為「碳市」（Carbon Market），1公噸碳權等於1單位euas（European Union Allowances，歐盟排碳配額）。目前全球共有4個主要的碳權排放交易所，其中最具規模的是歐盟氣體排放交易計畫（European Union Emission Trading Scheme, EUETS），同時也是全球最大的跨國溫室氣體排放權交易計畫。每一個加入的國家必須提交國家配置計畫，說明各國電廠及工廠的溫室氣體排放量上限，並且經由歐盟批准。歐盟氣體排放交易計畫也是目前全球唯一具強制力的碳權交易計畫。歐盟於2004年開始交易碳權，2005年1月開始運作EUETS。我國預估每年「碳交易」產值，約在新台幣12億元以上[61、99、106]。

依據世界銀行（World Bank, WB）公布之「2008碳市場交易現況與趨勢」（State and Trends of the Carbon Market 2008）研究報告指出，在全球碳交易市場中，已發展出2種碳權商品：1.總量管制與排放交易制度（cap and trade）下創造出的「許可權」（allowance）。2.以CDM、JI，以及其它自願性減量計畫所產生的「計畫基礎交易」（baseline and credit），CDM的減量額度為「經認證的排放減量」（CER）；JI為「排放減量單位」（ERU）。2007年上述2種碳權商品，全球市場交易金額分別為503.94億美元及136.41億美元[151]。

2007年聯合國氣候變遷大會上通過《巴厘路線圖》，其目的就是要求簽署《京都議定書》的已開發國家要履行《京都議定書》的規定，承諾2012年以後的大幅度排碳量減排指標；另一方面，開發中國家和未簽署《京都議定書》的已開發國家（主要指美國），則要在《聯合國氣候變化綱要公約》下，採取進一步應對氣候變遷的措施。這就是所謂「雙軌」談判[117]。

哥本哈根協議中規定，未來地球氣溫上升上限目標為2℃，各國必須在2010年1月底前，提報各自減碳目標，並且在未來每2年檢討一次。

我國廢紙的回收已有很長的歷史，更因「惜紙」的傳統，回收率向稱世界第一。目前回收的方式有：家中舊報紙、紙盒等廢紙，可賣給回收商；或用繩子紮好，在資源回收日時交給清潔隊員；如果是社區、辦公室做回收，其是用4個紙箱，把廢紙分為白紙類、混合紙類、報紙類及牛皮紙類等4類分類回收，分類後的廢紙利用價值相當高[44]。

1-3 大氣、天氣、氣候與氣候系統

基本理論

大氣是指包圍著地球的整個空氣層。大氣與地球上的一切生命體休戚相關，大約在4億年前，當陸地綠色植物出現時，地球大氣就已經演變成現在結構的組成了。大氣層使生物免受過多太陽紫外線輻射的傷害，並且大氣中許多氣體滿足了生物圈中動物和植物維持生命的需要。大氣層中各種尺度的天氣系統的產生、發展、消亡和移動成為全球氣候的基礎[69、74]。

天氣指某一地區在某一瞬間或某一短時間內，大氣狀態（如氣溫、濕度、壓強等）和大氣現象（如風、雲、霧、降水等）的綜合。天氣隨時間的變化，即天氣變化。

氣候一詞源於希臘字klima，意思是傾斜，指的是太陽光線照射到地球表面各地的傾斜角大小。其是地球與大氣之間長期進行能量交換和物質交換所形成的自然現象。氣候的形成原因複雜多樣，並且人類對氣候及其變化的認識不斷增加與瞭解；因此，氣候的概念不僅複雜而且還在不斷多樣化中[69、74]。

馬克・吐溫（Mark Twain）曾如此描述：「氣候是一直持續不斷的，

而天氣僅能延續幾天的時間。」海因萊因（Robert Heinlein）認為：「氣候是你所能夠期待的，天氣是你所感受的。」這兩種觀點都概要說明了氣候與天氣之間的本質區別。換言之，天氣是指在特定時間大氣的活動情況；氣候則是對月、季或年時間尺度上大氣狀況的一種估計，是對氣候多年觀測的統計結果[74]。

　　氣候系統是對地球上大氣圈（atmosphere）、水圈（hydrosphere）、岩石圈（lithosphere）、冰凍圈（cryosphere）和生物圈（biosphere）等組成部分，及其相互間一系列複雜過程的綜合稱謂[55]。氣候系統受入射太陽輻射的能量驅動而運行，並通過向太空發射熱輻射而達到能量平衡。大氣圈是變化最快，也是對人類生活影響最大的一圈；它的變化不但受到其它四圈的影響，也受人類活動的影響。水圈是由地球上的水所組成，包括海洋、湖泊、江河和地表以及地下水。岩石圈是指固體地球的表層部分，既

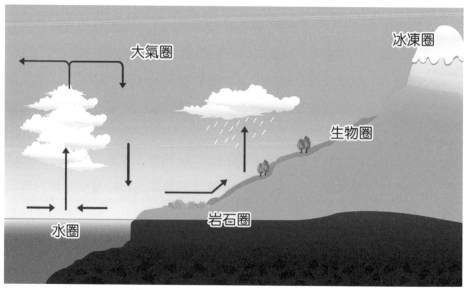

地球氣候系統五大圈示意圖[55]。

包括陸地也包括海洋，如積雪、冰河和海冰都是屬於岩石圈的範圍；岩石圈透過陸面過程影響大氣[55]。冰凍圈包括大陸冰蓋、海冰、高山冰川、季節性雪被、永久性凍土、湖冰與河冰。生物圈是指地球上動物（含人類）、植物和微生物。

實例解說

2011年1至5月，湖北、湖南、江西、安徽、江蘇等省降雨比往年同期減少50%，創下半個多世紀來的最少雨量。上述各地原是嚴重乾旱，6月初受到季風轉變影響，變成持續降雨；導致長江中下游地區在幾十天內，由抗旱轉為防澇。湖北、湖南兩省有近百人死亡，如在湖北省咸寧市的76個雨量站中有3個雨量站降雨超過250公釐，11個雨量站降雨超過200公釐；咸寧市通河縣雋水河上游降雨量超過309公釐，創歷史新高，為200年來難得一見。此次暴雨造成咸寧市有20人死亡、5人失蹤，受災人口達120萬人；湖北武漢甚至出現1小時降下3億噸的暴雨。這波豪雨也使湖南209個鄉鎮受災，有18人死亡、28人失蹤，受災人口約30萬人。其它地區，如福建、廣西、雲南、江西也出現不同程度的水災，江西修水縣死亡7人，雲南死亡1人，各地房屋損壞超過2萬棟[17、132]。

知識連結

WMO規定，以30年為整編氣候資料時段長度的最短年限，並以1931～1960年的氣候要素的統計量作為可比較標準。對於當前氣候，規定用剛剛過去的30年的平均值作為準平均。從有氣象觀測紀錄以來，將30年的氣候平均值進行對比，可以發現它們具有近似穩定性。氣候統計通常更注重其平均值，但人們最感興趣的卻是那些持續時間較長的極端氣候事件，如20世紀70年代初期，薩赫爾（Sahel）和衣索比亞的乾旱、印度季風

區連年少雨和巴西的洪水等，這些不常發生，但非常危險，且致命的災難事件[74]。

對地球而言，「關鍵的2℃」足以產生深遠的影響。若全球工業都能共同致力減少排碳量，大家都真誠的實踐節能減碳，則人類就不會面臨更可怕的天災人禍。

1-4　極端氣候與極端天氣氣候事件

基本理論

UNFCCC將因人類活動而改變大氣組成的氣候變化，使一地某時的氣候與當時段長時間（如30年）氣候的平均值或其它統計量相比，如差異量大於20%，則謂該時段的氣候為「極端氣候」[115]。如降水量比30年平均值高出20%時算偏多，高出50%以上算多；反之，算偏少和少。我國中央氣象局將其稱為「災變天氣」，台灣常見的災變天氣有颱風、異常降水、乾旱、寒潮、冰雹、龍捲風、突變強風、海水倒灌等8項，其中前4項被稱為台灣的四大氣象災害。有時候天氣會突然大異常，且其系統範圍很小、並在很短時間內成形，以致很難預報；常常是其出現前幾小時，才知道其可能發生，甚至已經出現才能被察覺，如龍捲風、大雷雨、冰雹、突變強風等，這些突發性的災變天氣，又稱「突變天氣」。此時，中央氣象局就立刻以警報或特報方式向民眾發布，此謂「災變特報服務」。警報是用在颱風侵襲時，特報是用於低溫、強風、大雨、豪雨、濃霧等情況[52、56]。

當某地天氣現象或氣候狀態，嚴重偏離其平均狀態時，這些不容易發生的事件，就可以稱為「極端天氣氣候事件」（或簡稱極端事件）。例如

上述之颱風、突變強風、乾旱、異常降水、熱浪、寒潮和熱帶氣旋等都是極端事件。由於每個地區的氣候平均狀態會有所不同，以致一個地區的極端氣候事件，在另外一個地區很可能是正常氣候。

在全球氣候暖化的影響下，近50年來，河北省降水量減少120公釐，氣溫平均每10年升高攝氏0.4度。據統計，自上個世紀50年代以來，河北省降水量呈逐年減少趨勢；上個世紀50年代，全省平均降水量為589公釐，到上個世紀90年代，減少為507公釐。而進入本世紀以來，2001年到2006年，降水量只有468公釐，其中2006年全省降水量平均偏少20%。同時，上個世紀80年代以來，河北省溫度升高也非常明顯，最暖的10個年分，有8個出現在最近10年。資料顯示，於1957年，河北省平均氣溫不到攝氏10度；2005年，這一數字已達到近攝氏13度；2006年，河北全省氣溫偏高攝氏1度。

氣候變遷給河北省帶來了相當大的影響，如降水量減少，加劇了河北省缺水現象。原本河北省就屬於極度缺水的省分，上個世紀90年代，全省水資源量雖然有些回升，但2000年以後，全省水資源總量明顯減少，較常年平均值偏少37%。同時，溫度升高容易造成乾旱，對農作物收成造成不利影響，導致農業生產風險加大，農業生產的不穩定性增加[74]。

氣象專家說，氣候變暖還將導致「城市熱島效應」加重、生態環境惡化、沿海地區面臨生態安全等問題。

城市熱島效應又稱熱島效應或熱島現象，是一個自1960年代開始，在世界各地大城市所發現的一個地區性氣候現象。具體來說，無論從早上

到日落以後，城市部分的氣溫都比周邊地區異常的高。這個現象的發現，是由於人造衛星的出現，使人類得以利用人造衛星從高空以紅外線拍攝地球，發現照片中的城市地區的溫度與周邊地區的溫度有著很明顯的差異，看起來城市部分就好像在周邊地區的一個浮島，謂之[107]。

嚴格地說，極端事件與氣象災害又有區別。例如一個颱風，如果襲擊一個沒有人類活動的區域，就構不成災害。氣象災害需要更多的從人類經濟社會角度、從承災體的脆弱性方面考慮。但極端事件又幾乎是災害的代名詞，與極端事件相伴的通常是嚴重的自然災害；例如颱風或龍捲風刮倒房屋，強降雨引起的水災淹沒農田，乾旱導致莊稼乾枯、人畜渴死，高溫酷熱和低溫寒流造成病人增加、死亡率增高。

大家都知道全球變暖了，但究竟暖了多少？IPCC說，在1906年至2005年的100年間，全球平均地表溫度上升了攝氏0.74度，其中僅1956年至2005年的50年間，增幅就達攝氏0.65度。對一般百姓來說，一天之內區區攝氏0.74度的溫差，根本是無法感受到；但對整個地球而言，此差值對地表平均溫度卻是非同小可。由科學觀測顯示知，全球大部分地區積雪退縮、極端天氣氣候事件增多、生態系統發生明顯變化、農業生產受到影響……等等，都與此有關[146]。

活學活用

我們必須自省，導正過去「人定勝天」的自大觀念；而且要重新建置一種「敬天、尚天、法天」的博愛精神。並從氣候變遷的自然法則中，找出與大自然共處的因應之道。

大陸湖北、湖南、江西等省於2011年6月初，近2週持續發生急降雨，
造成105人死亡、65人失蹤。圖為湖北省咸寧暴雨，救災人員開著推土
機涉水營救災民[19]。

第 2 章　氣候變遷的成因

基本理論

　　UNFCCC第一款中將「氣候變遷」定義為：「經過相當一段時間的觀察，在自然氣候變化之外，由人類活動直接或間接造成全球大氣組成變異，而導致的氣候變化。」因自然原因造成的氣候變化，則被稱為「氣候變率」。也就是說，氣候變率是指氣候的平均態和其它統計量（如標準偏差、極端事件出現的頻率），在各種時間和空間尺度上的自然變化；換言之，就是氣候在一段時間內的自然變動。如與氣候變遷相較，氣候變率一般是由氣候系統內部的自然過程（內部變率）造成，或者由於自然的外部強迫因子變化（外部變率）所導致[105]。

　　IPCC認為所謂的「相當一段時間」，是指氣候平均狀態在較長的時段內（10年以上）氣候的趨勢性變化[144]。

　　氣候變遷主要表現於三方面：全球暖化（global warming）、酸雨（acid deposition）、臭氧層破壞（ozone depletion），其中全球暖化是人類目前最迫切的問題，因其關係到人類的未來[144]！一般人常誤認氣候變遷就是天氣變熱，是全球暖化的同義詞。其實，這是一種嚴重誤解。

　　把氣候變遷真正當成問題來談，始於20世紀80年代；因為科學界發現，全球氣候正經歷一場以「變暖」為主要特徵的顯著變化。1988年11月，IPCC對氣候變遷問題進行科學評估；在2007年2月發表的第4次氣候

變化評估報告中，就提出「全球氣候暖化已是不爭的事實」，而人為活動「很可能」，即90%的可能，是導致氣候暖化的主要原因。而在2001年發表的第3次評估報告中，IPCC使用的是「可能」，即66%的可能性。顯然，科學界對全球暖化，且是人為因素所導致的論斷，增加了確定性。而所謂人為因素，主要是人類生產、生活過程中，向大氣中釋放了大量的二氧化碳等溫室氣體[146]。

實例解說

2006年4月15日我國發射6顆中華衛星三號，其可以接收全球定位系統（GPS）的無線電訊號，以計算訊號穿過大氣層時，所產生的折射角度，而算出當時大氣中所含的水分與溫度。因此，其可以取代現有的氣象量測方式，尤其對於南北極、海洋、人煙稀少或難以設站的地區，進行觀測；並能間接預測臭氧層破洞[30]。

知識連結

臭氧層是指離地球表面10公里至50公里高度的大氣層（即平流層）中，臭氧濃度相對較高的部分，其主要作用是吸收短波紫外線。

平流層是地球大氣層裡上熱下冷的一層，由於其頂部吸收了來自太陽的紫外線，而被加熱，所以其氣溫會因高度而上升；平流層的頂部氣溫與地面氣溫差不多。

地球各地臭氧層密度都不相同，在赤道附近的最厚，而在兩極的較薄。北半球的臭氧層厚度每年減少4%；現在地球表面大約有4.6%沒有臭氧層，這些地方被稱為臭氧層空洞，但其大多發生在兩極之上[75]。

臭氧層被破壞後，會導致太陽紫外線對地面的輻射量增加，其會對人類健康產生危害，如皮膚癌、白內障；對地球則產生暖化現象和極端

氣候。

在1985年，英國南極觀測站的科學家法曼（Joseph C. Farman）等人發現，1977～1984年，每年南半球的春季時（約9～12月）南極上空的大氣臭氧含量約減少了40%以上。其它研究機構也證實這項發現，並指出臭氧量急遽減少的區域面積甚至大於南極大陸，高度則是介於12～24公里之間的平流層，這就是所謂的「臭氧洞」（ozone hole）。其實臭氧洞並不是真正有個「洞」，而只是表示臭氧含量反常稀少的區域。南極臭氧層厚度變化極大，從100至400DU（Dobson Unit；500DU相當於地球表面0.5公分厚），而厚度若在220DU以下，即稱為臭氧層破洞[75]。

活學活用

您能減少您的排碳量，甚至減少到零。如購買節能電器、節能燈泡；設定冷氣於定時狀態，減少冷氣的能耗；對房屋作節能評估，改進隔熱性能；加強能源的循環利用；有能力的話，購買混合動力汽車；多步行或者搭乘大眾交通運輸[100]。

左圖是因2011年年初江西省發生乾旱，5月31日時，牛群可在鄱陽湖星子段湖底吃草。右圖是2009年6月時，鄱陽湖星子段碧波蕩漾，水深約10.31公尺[24]。

基本理論

　　事實上，影響氣候變遷的因素來自多方面，包括太陽輻射、地球運行軌道變化、造山運動、溫室氣體排放等。由於地表許多間接影響氣候的因素，如海洋溫度變化等，其所造成的影響可能要等幾世紀，甚至更長時間才能顯現出來。

　　人類活動對氣候變遷的影響相對直接，其中燃燒化石燃料、過度砍伐和畜牧等，都對氣候有不同程度和範圍的影響；尤其是自工業革命以來，已開發國家工業化過程的經濟活動引起的破壞。化石燃料燃燒、破壞森林、土地利用變化等人類活動，所排放溫室氣體導致大氣溫室氣體濃度大幅增加，溫室效應增強，從而引起全球暖化。據美國能源部橡樹嶺國家實驗室（Oak Ridge National Laboratory, ORNL）研究報告，自1750年以來，全球累計排放了1萬多億噸二氧化碳，其中已開發國家排放約占80%[32]。人類作業導致全球氣溫迅速上升，人類應減少對氣候影響的活動，並設法消除已造成的惡果。

　　未來人為的溫室氣體排放趨勢，主要取決於人口數量、經濟變化、科技發展、能效應用、節能落實狀況、各種能源相對價格等種種因素的變化趨勢。國際三大著名能源機構——國際能源局、世界能源理事會和美國能源部，依據經濟增長和能源需求的各種條件，分析了人為排碳量的各種可能趨勢。由分析資料知，在經濟增長平緩、對化石燃料使用沒有採取強有力的限制措施的狀況下，在2015年時，化石燃料約占世界商品能源的3/4，其消費量可能超過目前水準的45%；同能源使用有關的排碳量，將增長30～45%。開發中國家的能源消費和排碳量增長相對較快，到2015年，可

能要從90年代初的不足世界排碳量的1/3，增加到超過1/2；而其中中國和印度，就要占開發中國家排碳量的一半。即使如此，開發中國家人均排碳量和累積排碳量，仍低於已開發國家；到2015年，已開發國家仍將是排碳量的主要責任者[92]。

實例解說

歐盟委員會於2007年12月19日通過有關汽車排氣量新強制性標準的立法議案，其將漸次增加對排氣量超排汽車的處罰強度。

根據這一議案，到2012年，歐盟的新車二氧化碳排放量，應由目前的每公里160克減少至每公里120克；其中汽車製造商出廠的汽車平均排放標準應控制在每公里130克以內，其餘10克的減排量可通過「其它補充方式」實現，如提高空調節能性、改進輪胎及推廣使用生物燃料等。歐盟委員會負責環境事務的委員斯塔夫羅斯·季馬斯表示，2012年尚未達到排放標準的汽車，每公里排碳量每超過1克將被罰款20歐元；2013年到2015年，罰款將逐年遞增，分別達到35歐元、60歐元和95歐元[102]。

知識連結

溫室氣體只是大氣層的一小部分，但卻有不均勻的影響，因為它們會吸收熱量。太陽的照射抵達地球表面，為我們帶來溫暖；大氣層會防止溫暖被反射回去，否則地球就會像一團結冰的球。但當二氧化碳濃度上升時，表面溫度會變得更溫暖；當每棵樹被砍下或是焚毀時，都會為幾億年演化的脆弱平衡帶來壓力。1/4的全球二氧化碳排放量來自大量摧毀地球的肺，亦即「熱帶雨林」；其它的二氧化碳則來自全球工業燃燒化石燃料。現今，地球大氣層中的二氧化碳比工業革命前要多了1/3，如果此種趨勢持續下去，到了2050年也許會再多一倍。沒有人知道其對地球和所有生物將

會造成什麼影響[118、129]。

全球氣候正不斷地暖化中，過去150年內，地球表面的溫度已平均上升攝氏1度；這看起來好像不多，但IPCC相信這世紀末地球表面溫度會急遽上升6度，當然除非我們能改變浪費和汙染的行為[146]。

美國加州史丹佛大學「伍茲環境學院」教授狄芬柏（Noah Diffenbaugh）表示：「全球大部分地區可能快速暖化，到了本世紀中葉，即使最涼爽的夏季，也會比過去50年最酷熱的夏季還要高溫。」溫室氣體排放造成的氣候變遷，會導致熱浪更加頻繁，歐洲2003年就曾遭數波熱浪襲擊。狄芬柏指出，極端高溫的現象已開始顯現，熱帶地區將最早受到衝擊，受影響程度也最大[16]。2010年至2039年間，赤道鄰近地區近70%夏季的氣溫，將超越20世紀晚期的夏季最高溫。到了2070年，北美洲、中國與歐洲地中海沿岸，也可能進入新的「暑熱狀態」[95]。

因氣候異常，在2011年4、5月間，美國中西部及南部地區，發生了1,200餘次龍捲風，導致523人喪生，數千戶房屋被摧毀，其中僅密蘇里州喬普林市（Joplin, Missouri）就有至少142人喪生。

　　氣候變遷有90%以上是人類自己的責任，人類今日所作的決定和選擇，將會影響氣候變遷的走向。目前地球比過去2000年都要熱；如果情況持續惡化，於本世紀末，地球氣溫將攀升至200萬年來的高位。

2-2 氣候變遷的主要特點

基本理論

　　IPCC於其第4次評估報告中指出，最近100年（1906～2005年）全球平均地表溫度上升了0.74℃（0.56℃～0.92℃），比2001年第3次評估報告中的100年（1901～2000年）上升了0.6℃（0.4℃～0.8℃），而有所升高。近百年來的氣候變遷，最突出的特點是，全球地表溫度有顯著的暖化趨勢。全球氣候的暖化，主要發生在兩個時段：一是20世紀10～40年代，另一是從70年代後期到現在。不同時段的暖化區域和季節都有所不同，但近百年來氣候的暖化趨勢，是越來越得到世人重視[146]。

　　全球氣候變遷的徵兆非常明顯，如氣溫上升、冰河融化、春天提早來臨。事實上，過去16年中，有12年的氣溫登上了最熱年分排行榜。2007年2月，IPCC發表一篇摘要報告，認為全球暖化現象「非常顯著」[145]。

　　依據WMO對氣候變遷的影響分析知，從1998年至2007年是有氣候紀錄以來，最暖和的10年。沒有人知道，氣候變遷的影響在多大程度或範圍上，才能算是「安全」？但專家們卻清楚知道，全球氣候變遷會為人類及生態系統，帶來預想不到的災難；如極端天氣、冰川消融、永久凍土層融化、珊瑚礁死亡、海平面上升、生態系統改變、旱災與水災的增加、致命熱浪與寒流天數變多等等。現在，不再是專家在預言著這些改變的問題；

而是人類在全球氣候變遷的影響下，如何掙扎求生存的實際難題。

實例解說

　　台北市萬芳國小是我國第1個「零碳教室」，該教室是透過乾淨能源太陽能發電，且不會產生二氧化碳及造成環境汙染。其能依照天氣，調整室內照明情況，使學生在上課時，有一適中照明的環境。該項設備是由台達電基金會支助及協助設置，其還從硬體建置、師資培養、教材編寫、環保小尖兵培訓等，逐步落實環境教育。

　　「零碳教室」外觀跟一般教室差不多，但是其透過太陽能發電，不會產生二氧化碳，造成環境汙染。該教室還可依天氣的狀況，調整教室電燈照明情況，更特別的是，隔壁的一般教室為對照組，學生可明顯看出，兩者消耗能源的差別[25]。

知識連結

　　全球暖化是指在一段時期中，地球的大氣和海洋因溫室效應，而造成溫度上升的氣候變化現象，而其所造成的效應稱之為全球暖化效應。

　　目前公認全球暖化是二氧化碳及其它溫室氣體，如氧化亞氮、甲烷、氫氯碳化物、全氟碳化物、六氟化硫等氣體，排放到地球大氣層所造成的。這些氣體就像厚厚的毯子，把日光的熱能罩住，而造成地球的溫度上升[118、129]。

　　氣候變遷的含義非常廣泛，它可以包含地球歷史上發生的各種或冷或熱的變化。但目前所討論的氣候變遷，主要是指自18世紀工業革命以來，人類大量排放二氧化碳等氣體所造成的全球暖化現象。在各種溫室氣體中，二氧化碳的吸熱能力其實不是最強的[105]。二氧化碳之所以成為全球暖化問題的核心，是因為工業革命以來，大氣中二氧化碳含量急遽增加，是

導致氣候暖化的主因。一個可供參考的極端例證是，金星的濃密大氣中絕大部分是二氧化碳，劇烈的溫室效應使金星表面溫度最高達到攝氏460度左右[118]。

太陽輻射主要是短波輻射，而地面輻射和大氣輻射（atmospheric radiation）則是長波輻射。大氣層對長波輻射的吸收力較強，但對短波輻射的吸收力比較弱。太陽光射到地球表面時，部分能量被大氣層吸收，部分被反射回太空；大約47%左右的能量，被地球表面所吸收。晚上地球表面以紅外線的方式向太空散發白天所吸收的熱量，其中也有部分被大氣層吸收。大氣層如同覆蓋玻璃的溫室（green house）一樣，保存了一定的熱量，使得地球不至於像沒有大氣層的月球一般。當月球被太陽照射時，月球表面溫度急遽升高；如其不受太陽照射時，月球表面溫度就急速下降[118]。

由目前溫室氣體產生的原因和人類掌握的科學技術而言，控制氣候變遷及其影響的主要方法，是制定出適當的能源發展策略、逐步穩定和削減排碳量、增加二氧化碳吸收量，並採取必要的適應氣候變遷的措施。

2011年6月20日湖北下暴雨，湖北武漢東湖凌波門附近的親水步道，完全被大水淹沒，民眾在被水淹沒的步道上騎自行車，一旁剛好有扁舟經過，有如水上漂[20]。

氣候變遷危機是可以解決的，就從您我開始做起。例如，家裡原使用成本20元的100瓦白熾燈泡，換成同樣亮度而成本約100元的20瓦省電燈泡，一次汰換6顆，一天用3.5小時，一天可省1.68度，半年就能回收成本，且可節省冷氣費（因白熾燈外表太燙，會消耗冷氣）[50]。

2-3　氣候變遷的影響

基本理論

氣候變遷的影響是多尺度、全方位、多方面的，正面和負面影響並存，但它的負面影響更受關注。全球氣候暖化對全球許多地區的自然生態系統已經產生了影響，如海平面升高、冰川退縮、湖泊水位下降、湖泊面積萎縮、凍土融化、河（湖）冰遲凍且早融、中高緯生長季節延長、動植物分布範圍向極區和高海拔區延伸、某些動植物數量減少、一些植物開花期提前等等。自然生態系統由於適應能力有限，容易受到嚴重的、甚至無法恢復的破壞。目前正面臨這種危險的系統包括：冰川、珊瑚礁島、紅樹林、熱帶雨林、極地和高山生態系統、草原濕地、殘餘天然草地和海岸帶生態系統等。隨著氣候變遷頻率和幅度的增加，遭受破壞的自然生態系統數目一直在增加，其地理範圍也將增加[32、105]。

如上所述，氣候變遷導致災害性極端事件頻繁、冰川和積雪融化加速、水資源分布失衡、生物多樣性受到威脅。而其中，氣候變遷還比所引起的海平面上升，沿海地區遭受水災、風暴等自然災害影響更為嚴重，小島嶼國家和沿海低窪地帶甚至面臨被淹沒的威脅。氣候變遷對農、林、牧、漁等經濟社會活動都會產生不利影響，加速疾病傳播，威脅社會經濟

發展和百姓身體健康。據IPCC報告，如果氣候溫度升高超過2.5℃，全球所有區域都可能遭受不利影響，開發中國家所受損失最為嚴重。如果氣候升溫4℃，則可能對全球生態系統帶來不可逆的損害，造成全球經濟重大損失[105、134、146]。

總言之，氣候變遷影響有：極端氣候增多、冰川快速消融、水資源急速缺乏、糧食嚴重減產、海平面急遽上升、空氣汙染與物種滅絕等等。

一些科學家預言，氣候變遷將會引發嚴重的突變（disruptions），例如與天氣有關的自然災害、旱災、飢荒，它們有可能造成成千上萬人死亡。未來30年全球氣溫將至少上升1.6℃～1.8℃，這將造成海平面上升0.5公尺[32]。

上述資料還是保守的估計；假如因北極冰川的反射力喪失、永久凍土帶融化釋放出二氧化碳和甲烷，將使得全球變暖加速進行；海平面上升就有可能造成一些海拔低的島嶼被淹沒，並因此威脅到整個國家的生存。而同時，在非洲和中亞地區，水將變得更加缺乏，乾旱將造成大面積的糧食歉收[105]。只要全球平均升溫攝氏2度，數十億噸甲烷就可能從北極釋出，導致生命大量滅絕。

實例解說

為什麼南北極會成為世人目光的焦點呢？因為全球暖化在這裡看得最清楚，地球暖化的速度非常快，西北通道已經由北極連接美洲、歐洲及亞洲，現在門戶大開；而北極的冰帽正在快速融化。受到全球暖化的影響，冰帽在40年內厚度已減少了40%。比較夏天時期，冰帽的面積一年比一年小，可能在2030年前就完全消失；有些專家甚至預測，認為可能在2015年，這些水域在夏天就沒有冰了。由於冰層可反射陽光，使地球保持溫度平衡狀態；但全球暖化後，陽光可穿透陰暗的水，使得溫度上升，而使地球暖化的過程愈來愈快[152]。

氣候變遷對庶民百姓經濟的影響非常大,尤其農業對氣候變遷反應是最為敏感。氣候變遷會增加農業生產的不穩定性、改變農業生產條件、增大產量波動性、提高農業成本,將使全世界的農業布局和結構出現大變動。而氣候暖化將導致地表流失、旱災與水災的頻率增多、一些地區的水質將發生變化,特別是水資源供需矛盾將更為突出[32]。因氣候變遷所造成的傳染性疾病(如瘧疾和登革熱)傳播範圍可能增加;與高溫熱浪天氣有關的疾病和死亡率也會增多[130]。氣候變遷也會影響人類的居住環境,尤其是山坡附近、低窪地區,及快速發展的城鎮;其中最嚴重的威脅是水災和山坡地滑動[105]。人類目前所面臨的水和能源短缺、垃圾處理、道路擴建、環境破壞等問題,也會因高溫、多雨而加劇。例如,因全球暖化所引起的

過去50年中,地球表面平均溫度呈直線上升趨勢,每10年上升大約攝氏0.13度。例如於2007年,地球表面平均溫度升到攝氏14.41度,其是有氣象紀錄以來第7個最熱的年分。

缺水、乾旱、水災、熱浪、海平面上升及氣溫劇變，在在都會使世界各地的糧食生產遭到破壞。亞洲大部分地區及美國的產米地區，氣候都將會變得乾旱。而在一些原已是乾旱地區，如非洲撒哈拉沙漠地區，只要全球暖化帶來輕微的氣溫上升，糧食生產量都將會大大減少。由國際稻米研究所的研究知，若晚間最低氣溫上升每1℃（華氏1.8度），稻米收成便會減少10%。值得注意的是，稻米是全球過半人口的主要糧食，所以全球氣溫的輕微變化，將對人類帶來深遠的影響[32]。由於暖化效應將導致全球氣候系統產生劇烈變化，而使人類與生態環境系統之間原已建立的相互調和關係，發生了顯著影響和擾動，並將直接影響人類之生存。這也是為什麼氣候變遷問題會引起聯合國、各國政府與一般百姓的極大關注。

活學活用

根據統計，每種一棵樹，一年可以吸收5到10公斤的排碳量；如果台灣每人種一棵樹，則一年可減少20萬台冷氣排碳量。

2-4 氣候變遷的歷史證據

基本理論

所謂歷史氣候，一般是指人類文明出現以來，尚無儀器觀測的歷史時期的氣候。通常，中國概指仰韶文化（西元前5000年至前3000年）以來的氣候；其它國家，指的是西元前4000年埃及文化出現以來的氣候[33]。

氣候變遷的證據可以從多方面探討，因為從19世紀中葉起，全球就有大氣溫度變化的紀錄。再早時期，雖然沒有直接的紀錄，但也可以依據間接的證據予以確定，如冰川研究、植被分布、冰芯分析、古樹年輪寬度、昆蟲種類的變化、海平面變化等。

由古代人類分布、農業生產方式、考古發現、口頭傳說和歷史文獻，可以發現歷史上氣候變遷的情況。例如冰川能顯現出氣候變遷的明顯證據，當氣候變冷時，冰川範圍擴大；氣候變暖時，冰川收縮。冰川的變化，會將影響氣候的因素放大，同時也對自然造成影響。如植被的變化，可反映氣候的變遷實況，如果氣候造成溫度和降水增加，植物生長就會茂盛，則會固定二氧化碳；如果氣候急遽變化，則會導致植物死亡和土地沙漠化。如對冰芯分析，可以發現大氣溫度和海平面的歷史變化情況。如研究古樹的年輪寬度，寬的年輪可證明當時氣候濕潤，適合植物生長；窄的年輪，證明當時氣候條件不好，不利於植物生長。如在不同時期沉積物中經常發現昆蟲的化石，可研究昆蟲種類的變化，也可以推測當時氣候條件的變化。如使用驗潮儀可以量測海平面的變化情形，而海平面的漲落是大氣溫度變化和冰川融化造成的[33]。

為什麼需要從過去的資料中，盡可能獲取有關氣候變遷的訊息呢？其主要有兩個原因：首先，我們可以在更大範圍內，去評估最近由人類活動或者可能由人類活動所造成的氣候變遷。其次，要更清楚地瞭解氣候是否能夠經歷突然的顯著轉型。我們對過去的氣候變遷知道的越多，我們就越有可能知道當前環境下這些變遷是否有可能再次發生。

實例解說

考古學家布萊安·費根（Brian Fagan）在其《聖嬰與文明興衰》一書中指出，短期的氣候變遷是一種重要而且迄今未被發現的歷史力量。聖嬰現象導致的乾旱，使埃及的王朝崩潰；聖嬰和季節雨的失調，造成了印度空前的飢荒；聖嬰的洪水，摧毀了祕魯整個的文明；短期的氣候變遷，可能使美國西南部安納沙希人神祕地放棄了他們的居住地，也可能使古老的馬雅文明瓦解，並且改變了整個歐洲的歷史[98]。

德國斯圖加特（Stuttgart）大學的生物學家，在廢棄礦坑內，挖掘出一棵擁有13000年歷史的老樹；專家們希望藉由老樹的年輪，能發掘出最後一個冰河時期的線索。因為在春天和夏天不同季節，每種樹都會產生不同的木質；而不同木質的產生，可讓科學家能精確地判斷出特定時期的環境狀況；如薄年輪，可顯示當時環境是冷或乾。這是第一次，研究人員可以藉由年輪，以判定最後一次冰河時期接近尾聲時發生了什麼事？冰河時期樹林裡的土壤，提供了科學家相關的花粉；由於這些花粉可以活存千年以上，而花粉可透露在冰河時期存在著什麼樣的植物？它們比較喜歡陽光或陰涼、溫暖或是涼爽的溫度？如果草的花粉數量最多，就表示那幾年是寒冷的；樹或灌木花粉的出現，顯示出較溫暖的階段。所以花粉的光譜，也是得知氣候演化的另一種資訊來源。生物學家發現，在冰河末期，氣候有大幅變遷，平均溫度在幾個世紀內上升了6℃；而海洋在這部分的發展，可能扮演非常重要的角色[118、133]。

地質學家透過海中沉澱物的分析，找到了可能造成氣候變遷的證據。他們相信北大西洋之洋流（其中包括了墨西哥灣流），其對地球表面溫度影響甚大。北海是全世界氣候的調節馬達；冷的時候，較重的鹽水就會沉到底部，溫暖的水會上升，而為北歐帶來宜人的溫度。這自然的溫度產生器，會因全球暖化而被破壞。由最後的冰河時期遺跡知，墨西哥灣流曾發生巨大的變動。現今地球溫度再次上升，也許會再度發生同樣的情形[118]。

此外，地球歷史上發生的5次大的物種滅絕事件，其中有4次與「溫室」氣候有關；當時地球被容易吸收熱量的二氧化碳和甲烷所覆蓋。這4次物種滅絕事件，包括了6500萬年前恐龍的滅絕。科學家認為，在1.6億年前，有2顆在火星和木星之間運轉的小行星，發生碰撞，並產生很多大塊的岩石。其中有些岩石，急速衝向地球；其中一塊岩石，撞擊到墨西哥的猶卡坦半島（古馬雅文明的故鄉），而導致6500萬年前恐龍的大滅絕。這

次撞擊，也使全世界的環境發生巨變。在撞擊後，其向天空發散了大量岩石和灰塵，引發了大規模海嘯，並造成全球性大火；而使地球在多年內，一直籠罩在黑暗之中，且氣溫急遽下降[33]。

知識連結

　　祕魯和厄瓜多爾緊鄰太平洋東岸的漁民很早就發現，每隔數年於聖誕節前後，該地的海水就會異常升溫、風速變弱、海洋中的生物變少；那一帶的漁民以西班牙語「El Niño」（音譯：厄爾尼諾，意為「男嬰」或「聖嬰」）稱呼此異常氣候為「聖嬰現象」。而相反的現象，稱為「La Niña」意為「女嬰」，或譯作「反聖嬰」。在過去100年裡，「聖嬰現象」共發生24次[60、66]。

　　一般而言，東太平洋海平面的氣壓高於西太平洋，所以在赤道之處大多吹著東風，並使近赤道之東太平洋海水不斷被吹向西方；因其又受科氏力（Coriolis Force）（因地球自轉，而對地表附近的運動，如水流、飛彈、風……，所造成的一種偏向力）影響，而向緯度較高處偏移。因此當深層的海水不斷上升湧至水面補充時，就會造成東太平洋表層的海水溫度變低，且含充沛的營養鹽。所以當聖嬰現象發生時，東西太平洋的氣壓差會變少，東風會減弱，以致深層海水就不再湧升至水面補充。當東太平洋近水面的水溫增高時，除了當地海洋生物會大量死亡，影響海洋生態及漁民生計外，全球環流系統也會被波及而變動；原來西太平洋旺盛的對流會減弱，雨水會變少。相反的，本是少雨的東太平洋，卻因對流增強而降下大量雨水。所以聖嬰現象往往使該下雨的地方沒有下雨，不該下雨的地方發生豪雨，而造成許多地方發生嚴重的災情[60、64]。

　　150年前，地球大部分的氣候都取決於其與太陽之相對關係。也就是地球繞行太陽的軌道或自轉軌道發生改變時，就會造成全球氣候變遷；例

如，地球離太陽越遠或斜照時就會越冷。地質學家發現，在海底一層層的沉澱物中，其間有甚多週期中的週期。如11年的規律，就和太陽黑子的週期有關；這些週期和地球表面溫度同步得非常完美，但至今仍不知道原因。也許，這和太陽的磁場週期有關聯，因這些週期會影響太陽表面黑子的數量和大小。11年週期內，太陽磁場會週期性的增強或減弱；在「太陽風」中，太陽表面放射出的離子流產生風暴，越多離子衝撞大氣層時，雲層的形成就越少，而使地球表面就得不到雲層的冷卻效果。但這些週期變化都比不上工業汙染來得影響大。過去這10年至100年間，人類對氣候的影響比太陽大了10倍以上[118]。

活學活用

告訴您的父母，不要毀了您以後賴以生存的地球；如果您是家長，請與您的孩子一起拯救他們以後賴以生存的地球[59]。

因地球暖化造成海平面上升，台灣許多城市將會沉在水中，在台灣
的我們已沒有樂觀的條件。

第 3 章　氣候變遷與災害

基本理論

　　因極端氣候之因素，而對人類的生命財產、國家的經濟、社會的建設，造成直接或間接損害的天氣事件，即為「氣象災害」。同時，其還會誘發其它的災害，如異常降雨引起水災外，還會引發崩塌、滑坡、土石流等地質災害；乾旱可能會引起土地荒廢與農作物的病蟲害等。與氣候變遷有關的氣象災害主要有：颱風、豪雨、乾旱、寒流、高溫熱浪、冰雹、龍捲風、雪災、沙塵暴等等。

　　同一個天氣事件，往往會因不同的區域，而有不同的利弊。例如，我國地處受颱風影響頻繁的國家，颱風的侵襲常給老百姓的生命財產帶來嚴重的損失。但是，有時在缺水時期，颱風可帶來豐沛雨水，以解百姓限水之苦。所以，如果能夠加強氣象災害應變措施，提高整個社會的承災能力，相信其對減少災害風險、趨利避害，是具有十分重要的意義。

　　雖然因全球暖化，導致全球各地之氣候變遷，會因地而異；但位處季風氣候與颱風常侵襲路徑上之我們，無可避免的，須面臨氣候變遷所帶來的衝擊。例如，極端氣候有增加趨勢、降雨型態改變、颱風降雨強度增加、海水位上升威脅、乾旱發生頻率與強度增加等等。雖然氣候變遷對台灣區域的衝擊，須利用科學證據再進一步的釐清；但在台灣位置與地形獨有的天然特性，及社會變遷的衝擊下，面對氣候變遷造成災害的可能影

響，是不容忽視的。

　　由於大部分的自然災害都與氣候變遷有關，為提高各國對氣候變遷的意識，聯合國人道事務協調辦公室（Office for the Coordination of Humanitarian Affairs, OCHA）於2008年12月2日發起了一項活動，呼籲世人對氣候變遷受災國給予重視，協助其提昇災害預防與應變措施的能力。

　　行政院經濟建設委員會於2008年規劃了「氣候變遷長期影響評估及因應策略研議計畫」，其為我國在推動「氣候變遷調適政策」時，奠定了良好基礎。其並於2010年推出我國之「氣候變遷調適政策架構」；同時協助各部會啟動各衝擊領域之調適行動計畫之研擬，為我國未來在因應氣候變遷衝擊時，能有最佳的調適能力[39]。

實例解說

　　2011年8月基隆地區因長期降雨量少，而使新山水庫蓄水量一度跌破第一階段限水門檻的610萬噸。台灣自來水公司曾於2011年8月22日表示，若再不下雨，就要於基隆地區實施限水。由於南瑪都颱風適時襲台，且帶來豐沛雨量；於28、29日就於新山水庫之水源地火燒寮和雙溪，降下約15多萬噸水，而使基隆地方限水危機立即解除。

　　但南瑪都颱風卻為中南部山區帶來豪雨，有46條土石流潛勢溪流域列入紅色警戒。其在台灣南部造成相當傷害，造成部分低窪地區淹水；尤其是屏東部分地區還停止上班、上課2天[15]。

知識連結

　　人類經濟社會與生態系統對氣候變遷具有非常明顯的敏感性和脆弱性，尤其是農業與水資源對氣候變遷的反應和失調問題，更是當今社會關注的焦點。這些系統通過對於氣候變遷和極端事件的產生，會作出不同的

反應，而也給人類社會和經濟帶來長遠的影響。

由於任何事物的變化，所帶來的影響都具有兩面性，即有利有弊；主要的是，視哪一方面占有主導地位。目前我們正處於以氣候暖化為主的氣候變遷，其帶來的影響是弊大於利。雖然其在某些方面，能帶來一些直接的正面影響，但由於其發生所導致的各種變動，相對而言也更大[105]。而人類和其他生物對氣候變遷所產生影響的應變能力又不夠，以致因氣候變遷而導致的各種變化，將帶來更多的負面影響。其所引起的自然災害及造成的負面後果，已經日趨嚴重，也越來越引起人們的關注。

20世紀80年代以來，極端天氣氣候事件頻繁發生。自1991年至2000年的10年裡，全球每年受到氣象水文災害的平均人數為2.11億，是因戰爭衝突受到影響人數的7倍。亞洲是遭受自然災害襲擊最頻繁的區域，在1990年至2000年間，該地區發生的自然災害占全球所有自然災害的43%。根據

太陽每天照射地球的能源，是全球人口每天使用所需的15,000倍。我國有多家全球知名的太陽能光電板供應廠家，再加上厚實的農業基礎，易於轉作生質能原料類作物，都是我國發展再生能源的利基。

統計，因全球氣候變遷及相關的極端氣候事件所造成的經濟損失，比過去40年的平均數上升了10倍。世界保險業界的統計數字也顯示，近幾十年來，因天氣災害造成的損失顯著增加，而且單次氣候事件導致的損失也與日俱增[115]。

活學活用

實施「節能減碳」並不難，重要的是在實踐「節」與「省」。我們先要把「節能減碳」的生活方式，視為生活的常態，並塑造「低碳生活」為品味的風潮。

3-1 颱風

基本理論

颱風（typhoon）是一種熱帶氣旋，也就是在熱帶海洋上所發生的低氣壓。颱風一詞來自台語「風篩」，台語至今仍稱颱風為風颱，其意是指在熱帶海洋上發生的一種非常猛烈的風暴；颱風是影響我國的主要災害性天氣系統之一[54]。在大西洋和東太平洋發生的熱帶氣旋，稱為颶風；其源於印第安語，是惡劣天氣之神的意思。而在南半球和印度洋上發生的熱帶氣旋，稱之為旋風，因颱風就是一種旋轉之風。

IPCC第一工作小組第4次評估報告指出，自20世紀70年代以來，全球呈現出熱帶氣旋強度有增強的趨勢，這與觀測到的熱帶海洋表面溫度升高相一致。由大量的氣候模式模擬結果知，隨著熱帶海洋表面溫度的漸漸升高，未來熱帶氣旋（包括颱風和颶風）可能會變得更強、風速更大、降雨更強[146]。

近40年來，侵台颱風數量上升，且中度以上颱風有增加趨勢；長期平

均為每年有3.5個颱風侵台，但自2000年以來為每年平均7個。侵襲台灣的颱風，大都是從北太平洋西部來的；發生地點，則以加羅林群島附近至菲律賓之間的熱帶海洋上為最多。另外，南中國海也有颱風發生，但次數不多，威力亦較小[54]。

中央氣象局對颱風強度之劃分，是依據其中心附近最大風速而定[54]：

1. 熱帶性低氣壓——中心附近最大風速等於或小於每小時33浬（每秒17.1公尺），即等於或小於7級風。

2. 輕度颱風——中心附近最大風速每小時為34至63浬（或每秒17.2至32.6公尺），相當於8至11級風。

3. 中度颱風——中心附近最大風速每小時為64至99浬（或每秒32.7至50.9公尺），相當於12至15級風。

4. 強烈颱風——中心附近最大風速每小時在100浬（或每秒51.0公尺）以上，相當於16級或以上之風。

一般而言，6級風就能造成輕微災害，尤其是在海上作業的小型漁船更要注意。所以當平均風力將達到6級或以上時，中央氣象局會在各次天氣預報之外，特別加發強風特報。此種強風不一定全是因颱風接近之故，其它如強烈東北季風、冷鋒通過或旺盛西南氣流等現象發生時，也會達到6至7級的風力[52]。

古巴傳說中的「風暴之神」，其外形非常相似現代衛星雲圖中的颱風影像；所以現在就以其為「颱風」的符號[65]。

當中央氣象局預測颱風之7級風暴風範圍，可能會侵襲台灣或金門、馬祖100公里以內海域時之前24小時，即會立即發布相關海域之海上颱風警報；之後，每3小時會發布1次警報。當預測颱風之7級風暴風範圍，可能侵襲台灣或金門、馬祖陸地之前18小時，中央氣象局會立即發布各該地區陸上颱風警報；之後，每3小時會發布1次警報，並每小時加發最新颱風動態及位置[54、56]。

實例解說

2010年10月21日的梅姬颱風，造成宜蘭地區的蘭陽平原、三星、大同、蘇澳、南澳等鄉鎮一片汪洋。該颱風的強降雨，是造成蘭陽平原等地大水災的主要原因。當梅姬颱風侵台時，蘇澳觀測站觀測到台灣本島破紀錄的181.5公釐「時雨量」（1小時之累積降雨）紀錄，其單日939公釐的雨量更是氣象局所定的「超大豪雨」近3倍天量，創下了平地單日雨量新紀錄。再加上東北季風、大滿潮等因素，造成了蘭陽平原損失慘重的淹水。

知識連結

過去颱風並無名字，是按每年發生的次序予以編號。1947年美國駐關島的聯合颱風警報中心（Joint Typhoon Warning Center，簡稱JTWC），開始對每次發生的颱風給與名字。其定名的原則是，北半球180度以西，按英文字母順序排列4組女性名字（每組21個名字，4組共有84個名字），依序輪流使用；北半球180度以東，則另定數組女性名字來使用。而南半球的颱風，則用男性名字。如此就可很容易分辨颱風所發生之區域和先後順序[54]。

自1979年起，北太平洋西部又變更定名方式，颱風之名稱改變為男性、女性相間排列。至1990年，北太平洋西部之颱風名稱再度更換，且每

組增加2個名字，使得颱風名稱的總數擴增為92個。到了1996年，又更改颱風名稱，颱風之編號是用四位數字編列，前二位表示年代，後二位表示當年颱風的發生順序，例如「編號1112塔拉斯颱風」，即表示塔拉斯颱風為2011年在北太平洋西部所發生的第12個颱風[54]。

　　WMO於1998年12月，在菲律賓馬尼拉召開第31屆颱風委員會，會中決議：自2000年1月1日起，統一識別在國際航空及航海上使用之北太平洋西部及南海地區之颱風。其方式是，除編號維持原狀外（例如2011年第8個颱風編號為1108），颱風名字將全部更換。改編為140個名字，共分5組，每組28個；分別是由北太平洋西部及南海海域國家（或地區）之14個颱風委員會成員，各提供10個名字。再由設於日本東京隸屬WMO之區域指定氣象中心（RSMC），負責依排定之順序統一命名。至於各國（或地區）轄區內部之颱風報導，是否使用這些颱風名字，則由各國（或地區）自行決定[54]。

颱風是台灣地區最常被侵襲的天然災害之一，颱風侵襲前，應立即檢修屋頂、門窗及牆壁，並確保排水溝通暢，以免積水；隨時撥聽「166」、「167」氣象服務電話，或收聽廣播電台、電視台播報的最新颱風消息[54、56]。

由於新的140個颱風名字之原文，來自不同國家及地區，不僅包括過去慣用的人名，而且還包括了動物、植物、星象、地名、神話人物、珠寶等名詞。其不是按英文A至Z的順序排次，因而十分複雜而不規律。近年來，每屆颱風委員會均會因發音或譯意等原因，變更了一些名字[54]。

最新之颱風名字，可參考我國中央氣象局氣象常識網頁[54]。

活學活用

颱風雖然破壞力驚人，使人聞颱色變，但我們如能事前加以妥善防範，雖不能完全避免災害，但至少是可以減低受災程度；培養時時有「多一分防颱準備，少一分災害損失」的觀念。

3-2 豪雨

基本理論

依中央氣象局定義：24小時累積雨量達50公釐以上，且其中至少有1小時雨量達15公釐以上之降雨現象時，稱為大雨（heavy rain）（大陸氣象部門稱為強降雨）；24小時累積雨量達130公釐以上之降雨現象，稱為豪雨（extremely heavy rain）（大陸氣象部門定義：24小時雨量在100公釐以上、200公釐以下的暴雨，稱為大暴雨）；24小時累積雨量達200公釐以上，稱為大豪雨（torrential rain）（大陸氣象部門稱其為特大暴雨）；24小時累積雨量達350公釐以上，稱為超大豪雨（extremely torrential rain）。另，大陸氣象部門定義：12小時的雨量不到70公釐，或24小時雨量不到100公釐的暴雨，稱為一般暴雨[4、53]。

因颱風來襲，常伴隨大量降雨，其不但是台灣很重要之水資源，也是大雨或豪雨的主要成因。

當鋒面系統伴隨西南氣流豐沛水氣，並有華南雲雨區東移至台灣附近時（特別是梅雨季時），或強烈中、小尺度對流系統（如颮線及雷雨胞等）接近或於台灣上空發展時，就會出現豪雨[52]。世界上已發生之最大豪雨，出現在南印度洋上的留尼旺島（Reunion Island），24小時的雨量為1,870公釐。至目前為止，我國最大豪雨是出現在冬山河新寮，24小時雨量為1,672公釐；其次是百新（24°33'N、121°13'E），24小時雨量為1,248公釐[4、57]。

實例解說

〈富春山居圖〉畫中實景浙江富春山，於2011年6月13日因暴雨水位暴漲，洩洪量達到該處之新高；而浙江省諸暨市錢塘江，出現50年來最大洪峰，其支流浦陽江於6月16日更發生決堤，88個村莊被洪水淹沒[17]。

而經歷數十年來最嚴重旱情的貴州、湖北、湖南、江西、安徽、江蘇6省，忽然自2011年6月3日起連續降下大雨，導致湖北省209名學童被困、湖南省百萬人受災；其中湖南湘西自治州、懷化、婁底等地出現洪澇災情，該三地受災人數達到61.74萬人。湘西鳳凰古城從100年6月4日凌晨起，持續下暴雨十幾小時，最大累計降雨量為213.5公釐，致沱江水上漲超過3公尺，淹沒古城部分沿江街道。包括鳳凰、瀘溪、吉首等地共有21萬人受災，經濟損失約人民幣3.1億元。受到持續強降雨影響，江西省倒塌房屋1,840間，直接經濟損失人民幣26億元，其中水利設施直接經濟損失人民幣6億元[17、131、132]。

2009年8月8日莫拉克颱風侵襲台灣，其雖只是中度颱風，但重創台灣南部及東部地區，其中又以原高雄縣甲仙鄉（小林村）、那瑪夏鄉、六龜鄉（新開部落），屏東縣林邊鄉、佳冬鄉，台東縣卑南鄉（知本溫泉區）、太麻里鄉等地受災最嚴重。其共造成678人死亡、26人失蹤、33

人受傷，死傷人數多集中在嘉義、台南、高雄、屏東、南投等地區；農業損失逾195億元，是台灣氣象史上傷亡最慘重的侵台颱風，其又被稱為「八八水災」[12]。

莫拉克颱風雨量超過50年前的「八七水災」，降雨量達到台灣有自動測站以來的歷史新高點。8日晚間11時10分，氣象局於屏東縣三地門鄉的尾寮山測站，測得的單日累積雨量達到1,403公釐，登上歷史排行榜第一名；阿里山站在8日降下1,161.5公釐，9日更降下1,165.5公釐。屏東尾寮山1,403.0公釐，創台灣所有氣象站中單日最大雨量紀錄。不只如此，在歷史單日累積雨量的前10名，莫拉克更一舉占了9個，使整個排行榜大洗牌。在莫拉克之前，這項紀錄的第一名寶座是花蓮布洛灣，在1997年8月29日締造的1,222.5公釐，當時是受到「雙颱」安珀及卡絲影響。而莫拉克颱風，屏東上德文測站於8月7日單日累積雨量就破1,000公釐，一舉爬上排行榜第7名。隔一天紀錄又被刷新，全台共有14個測站破千，至今形成一個牢不可破的「莫拉克障礙」。其中最大總雨量是於阿里山測站，為3,059.5公釐[12、57]。

當全球暖化愈來愈嚴重，暴雨暴風極端現象愈明顯的時候，台灣因為地形特殊，災難將比中國、日本等其它亞洲國家嚴峻。未來，颱風會變得越來越強，雨量會越來越極端，大旱後就是暴雨，熱浪後緊接著寒冬，台灣民眾居住的土地侵蝕率會越來越嚴重。面對這樣的大災難，IPCC呼籲每一個國家，包括台灣，投入足夠的資金，進行大規模的綠色革命[14]。

知識連結

降雨量的變化會直接影響到降雨強度的變化。在氣候暖化的背景下，北半球高緯度降雨量增加的地區，可能豪大雨和極端降雨事件也在趨於增多。但是，由於降雨量和降雨頻率之間的複雜關係，使得由降雨量和降雨

頻率變化引起的降雨強度變化，變得複雜化。

在一定強度下，降雨量增加，極端強降雨事件發生的機率就會增大。同樣的，在總降雨日數不減少的情況下，降雨量增加會導致降雨強度增強，而引起更多的極端強降雨事件。

與溫度相比，降雨量在時間上和空間上的變化都要更大些。由於全球目前僅在陸地上有比較可靠的長期觀測數據；即使如此，但陸地上觀測網的覆蓋率，也仍有待大幅度地提高。如對全球（不包括南極）陸地區域，進行計算與分析，可發現20世紀上半葉之年平均降雨量，有小幅度的增加；隨後又開始出現小幅度的下降。由相關資料知，20世紀大部分時間裡，北半球高緯度地區陸地上的降雨量一直在增加，尤其是在冬季[105]。但自20世紀60年代以後，從非洲到印度尼西亞的熱帶和亞熱帶地區，降雨量卻出現逐步下降的趨勢；而在這些地區的降雨增加或減少的同時，它們的溫度卻在升高。不過也有一些地區的氣候變得愈來愈濕潤，如美國的中部和東部、阿根廷，及亞馬遜盆地[39、49]。

原本世紀乾旱的長江中下游地區，於2011年6月初遭遇暴雨，由旱災變水災，造成多人死亡[18]。

目前降雨機率預報，是中央氣象局預報人員根據各種氣象資料，經過整理、分析、研判後，預測某一地區在預報時段內降雨（指出現0.1公釐或以上的降雨）機會的百分數。例如，預報台北市降雨機率80%，就是預測台北地區有8成的機率會出現降雨[56]。

活學活用

災害防救人人有責，我們應建立含政府與社區民眾的全民防救災意識。不能只靠某一單位進行防救災工作，而是要靠社區、鄉鎮市、縣市與中央政府，以集體的方式共同努力、動員，才能發揮最大的防救災效能。

目前我國大部分地方政府公務人員，多認為防救災和他們的業務無關，這不屬於他們的事；而社區民眾部分，絕大多數人也不會有防救災意識。事實上，各種災害的防救工作，所有政府官員與民眾都是有責任的；我們應有「今日多一分防救災準備，明日就少一分災害損失。」的共識。

3-3 乾旱

基本理論

乾旱（drought）（有的稱氣象乾旱）是因長期少雨且空氣乾燥、土壤缺水的氣候現象，謂之。連續20日以上降水量均未達0.5公釐，且累積降水年量未達最近期準平均之60%，或累積降水30日量低於同期間第1個十分位值（若第1個十分位值低於0.5公釐者則不計，視為屬預期性之乾旱）者，稱為台灣地區之非預期性氣象乾旱（unpredictable meteorology drought）。而大陸將乾旱分小旱（連續無降雨天數：春季達16至30天、夏季16至25天、秋冬季31至50天）、中旱（連續無降雨天數：春季達31至45天、夏季26至35天、秋冬季51至70天）、大旱（連續無降雨天數：春季達46至60

天、夏季36至45天、秋冬季71至90天）和特大旱（連續無降雨天數：春季在61天以上、夏季在46天以上、秋冬季在91天以上）等4類[26、36]。

　　乾旱和旱災是兩個不同的科學概念。乾旱通常指淡水總量少，不足以滿足人的生存和經濟發展的氣候現象，一般是長期的現象；而旱災卻不同，它只是屬於偶發性的自然災害，甚至在通常水量豐富的地區也會因一時的氣候異常而導致旱災[26、36]。乾旱和旱災從古至今，都是人類面臨的主要自然災害。即使在科學技術如此發達的今天，它們造成的災難性後果仍然比比皆是。尤其值得注意的是，隨著人類的經濟發展和人口膨脹，水資源短缺現象日趨嚴重，這也直接導致了乾旱地區的擴大與乾旱化程度的加重，乾旱化趨勢已成為全球關注的問題。

實例解說

　　我國經濟部水利署將水情分為5級，即：紅色警戒，亦為第三階段限水，也就是民生用水分區供水；橙色警戒，亦稱第二階段限水，即是用水大戶限水；黃色警戒，也稱第一階段限水，也就是夜間減壓、農業用水減供；綠色燈號，代表水情稍緊、水情狀況不佳，須加強水源調度及研擬措施；藍色燈號，表示水情正常，供需穩定。

　　2011年3、4、5月久不下雨，全台水情拉警報，石門水庫大乾旱，水位下降，以致溪床見底、大溪鎮阿姆坪大片水域變成乾河床。經濟部水利署於該年5月9日宣布，自5月18日起，桃園縣、新竹縣市、新北市林口，實施「橙色警戒」第二階段限水。其包括：停止供應噴水池、沖洗街道、水溝、大樓外牆、露天屋頂放流等非急需的用水；游泳池、洗車、三溫暖、水療及每月用水超過1,000度大用水戶的非工業用水戶，將減供20%；工業用戶則減供5%。而彰化縣、雲林縣和新北市板新地區，於5月23日起，開始實施「黃色警戒」第一階段限水，並在夜間減壓供水。

非洲之角包括索馬利亞、衣索比亞、吉布地、厄立垂亞4國，自2011年7月，此地區和鄰近的蘇丹、肯亞遭遇60年罕見的大旱，引發嚴重的飢荒，受害人口近1,200萬人[23]。

知識連結

　　我國行政院文化建設委員會是依雨量與時間長短來定義是否乾旱，即偏少的雨量和持續的時間長短。由於每一地區的氣候狀態不同，所以須依其特有的氣候特性來判定乾旱是否發生、嚴重程度與持續時間。有些地區還須考慮地表蒸發量，當雨量嚴重少於蒸發量，且持續了一段時間，才會判斷其為乾旱。而有些地區的乾、濕季分明，這種季節性的乾旱被稱為季節性乾旱；因為其是每年固定時間發生，屬於正常情況，並不會導致缺水[36]。

　　不同領域對水的需求則會不同，乾旱定義也不同。其大致可以分為氣象乾旱、農業乾旱、水文乾旱與經社乾旱。當氣象乾旱持續一段時間，致使土壤含水量、灌溉用水不足，不利於農作物的生長，導致歉收，其稱為農業乾旱。當氣象乾旱持續一段時間，導致河流量、水庫蓄水量不足，嚴重影響民生、農業與工業供水，稱為水利乾旱。由於水利系統具有蓄水與調配水資源的功能，即使發生氣象乾旱，如果不是太嚴重或持續太久，只要水資源管理得宜，不一定會導致水利乾旱[26、36]。當前述乾旱造成的水資源匱乏與農業損失，間接導致經濟層面的供需失衡，對社會經濟造成壓力，如水力發電改用火力發電所增加的成本，以致物價上漲、國民生產毛額減少等，則稱為經社乾旱。在這些乾旱中，通常氣象乾旱最早發生，接下來分別是農業、水利與經社乾旱。

　　近年來，許多國家因為乾旱越趨嚴重，紛紛建立監測與預警系統[26]；並建立乾旱指標，來標示乾旱嚴重程度。例如：中度乾旱、嚴重乾旱、

極端乾旱與罕見乾旱，以作為調適與抗旱的參考。2010年8月《科學》（Science）雜誌特別提出警告，由於氣候變遷引發乾旱的壓力，全球植物的生長已呈現10年（2000年至2009年）的衰退。

活學活用

我國是世界排名第18位的缺水國家。雖然平均每年有2,000多公釐的雨量，但是台灣地區地狹人稠、山坡陡峭、雨勢集中、河川短促，所以大部分的雨水都迅速地流入海洋；以致我國每人每年平均可以分配到的水量，只有全世界平均雨量的1/7。所以我們要有「會無水可用」之體認。

台灣每遇春天雨量不豐、夏天颱風不至，就會發生水庫大乾旱現象，我們不能不思無水可用之苦，平時要養成節省用水習慣。

基本理論

　　寒流（cold surge）又稱寒潮，是冬季的一種災害性天氣，其一般多發生在秋末、冬季、初春時節。當冷空氣侵入造成的降溫，預報將至10℃或以下時，中央氣象局就會發布低溫特報；當極地大陸氣團侵襲時，且最低氣溫預報將低於或等於12℃，但高於10℃時，稱之為強烈大陸冷氣團；當預報將低於或等於14℃，但高於12℃時，稱為大陸冷空氣團；當預報在14℃以上時，稱為東北季風增強[6、34、37]。

　　在北極地區，由於太陽光照射較弱，地面和大氣獲得熱量也少，常年冰天雪地。到了冬天，太陽光線的直射位置越過赤道，到達南半球；以致北極地區的寒冷程度更加增強、範圍擴大，此時氣溫一般都在零下40℃至50℃以下。當範圍很大的冷氣團聚集到一定程度時，且在適宜的高空大氣環流作用下，就會大規模向南侵襲，而形成寒流天氣[6]。

　　侵襲大陸與台灣地區的寒流，主要有4條路徑：1.西路：從西伯利亞西部進入新疆，經河西走廊向東南推進；2.中路：從西伯利亞中部和蒙古進入大陸後，經河套地區和華中南下；3.從西伯利亞東部或蒙古東部進入大陸東北地區，經華北地區南下；4.東路加西路：東路冷空氣從河套下游南下，西路冷空氣從青海東南下，兩股冷空氣常在黃土高原東側與黃河、長江之間匯合，匯合時造成大範圍的雨雪天氣，接著兩股冷空氣合併南下，出現大風和明顯降溫[6、34]。

實例解說

　　自2006年10月18日至2007年1月16日止，墨西哥共遭受29次寒流襲

擊，至少造成59人因寒流死亡；主要是因體溫過低、一氧化碳中毒或被取暖爐火燒傷致死。

　　2008年1月28日歲末之時，大陸多個省分遭遇了50年一遇的極端天氣；寒流席捲、冰雪侵襲、凍地千里。連續數天後，雨雪冰凍的災害性天氣，給大陸的生產、生活帶來了極大的影響；2008年1月27日下午，大陸氣象局還緊急發布了最高級別的「暴雪紅色警報」。這次大範圍的雨雪天氣，讓2008年的春運（春運是中國特有的一種運輸期間，以春節為界，共40天）面臨著一場大災難；在一些城市準備返家的人們，發生大面積滯留現象。例如，是年1月28日，廣州火車站滯留旅客就超過50萬人；可說是雪情、災情、春運，牽動全大陸人心[6、34]。

知識連結

　　寒流在氣象學上有嚴格的定義和標準，但在不同國家和地區寒流標準是不一樣的。大陸是由中國氣象局於2006年所制定，其標準是：某一地區冷空氣過境後，氣溫於24小時內下降8℃以上，且最低氣溫下降到4℃以下；或48小時內氣溫下降10℃以上，且最低氣溫下降到4℃以下；或72小時內氣溫連續下降12℃以上，並且最低氣溫在4℃以下。

　　而美國的規定是，美國至少有15個州的氣溫低於正常值，其中至少有5個州溫度比正常值低15℃，並至少持續2天的冷空氣爆發，才稱為寒流[6]。

　　寒流天氣對農業的影響最大。寒流冷空氣帶來的降溫可以達到10℃甚至20℃以上，通常超過農作物的耐寒能力，造成農作物發生霜凍害或凍害[34]。

　　不同地區、不同種類的農作物，耐寒的生理學溫度也都會不一樣。如北方小麥、豆類和油料作物，屬耐寒作物，可以承受-7～-10℃的低溫；蘿蔔可耐-6℃的低溫，白菜可耐-4℃的低溫，而玉米、馬鈴薯只能耐-2～-3℃的低溫。而且，各種植物不同生長發育期階段的耐寒能力也不同。對於大

多數植物來說，當溫度降到0℃左右時，就會明顯受害。回顧中國歷史，幾乎每次寒流過境時，都會造成大面積的農作物受害；且災害程度會因冷空氣入侵範圍的不同，而有很大的差異[6、34]。

活學活用

　　地球發生「暖化現象」已是不爭事實，由於全球「氣候變遷」的大趨勢，而造成暴雨、洪災或嚴重乾旱等極端氣候，已是未來生活的常態。人類生存，將面臨嚴峻考驗；如何永續生存，已成為人類在本世紀所面臨的最大課題。我們一定要認清事實，下定決心，從自己日常生活做起，來救地球，救台灣。

因氣候變遷影響，2010年12月28日清晨板橋低溫僅5.6℃，打破板橋區有史以來12月最低溫，也是當天全台最低溫[121]。

3-5 高溫熱浪

基本理論

高溫熱浪（heat wave）又叫高溫酷暑，是一個氣象術語；其造成的災害是與地理位置、社會和經濟等多方面有關。

高溫熱浪的標準主要是依據高溫對人體產生影響或危害的程度而制定。世界各國或地區研究高溫熱浪，所採取的方法大多不同；所定的高溫熱浪標準，也有很大差異。目前國際上，還沒有一個統一而明確的高溫熱浪標準。

WMO建議高溫熱浪的標準為：日最高氣溫高於32℃，且持續3天以上者。美國、加拿大、以色列等國家氣象部門，依據綜合考慮了溫度和相對濕度影響的熱指數（也稱顯溫），以決定是否發布高溫警報。例如，美國發布高溫預警的標準是：當白天熱指數連續2天有3小時超過40.5℃或者預計熱指數在任一時間超過46.5℃時，即發布高溫警報。而大陸一般是把日最高氣溫達到或超過35℃時，稱為高溫。連續3天以上的高溫天氣時，則稱為高溫熱浪（或稱為高溫酷暑）。由於近年來高溫熱浪天氣的頻繁出現，高溫帶來的災害日益嚴重。為此，大陸氣象部門針對高溫天氣的防禦，特別制定了高溫預警信號[5]。

由於人體對冷熱的感覺，不僅取決於氣溫，還與空氣濕度、風速、太陽熱輻射等有關。因此，不同氣象條件下的高溫天氣，也有其相應的特徵。通常高溫熱浪分為乾熱型和悶熱型兩種[5]。

連續高溫酷暑會使人體不能適應而影響生理、心理健康，且易造成皮膚受傷、肌肉痙攣、呼吸困難、血壓升高，還可能引起食物中毒事件，甚至引發傳染疾病或死亡。高溫也會使道路，如柏油馬路、水泥馬路的路面

溫度快速升高，汽車輪胎受熱容易爆胎。氣溫高時，汽車散熱慢，影響發電機正常運作，甚至可能引起自燃、自爆現象。由於高溫酷暑，將會使用水及用電量急遽上升，而發生嚴重缺水缺電現象。高溫還會影響植物生長發育，逼稻子早熟、使棉花蕾或花鈴脫落，導致農業減產[2、5、130]。

實例解說

2003年夏季高溫熱浪影響歐洲許多國家，尤其是在7至8月間，打破了歐洲高溫紀錄。WMO利用歐洲各國提供的觀測數據進行分析，發現於2003年出現在法國、德國、瑞典、西班牙、義大利北部及英國的最高氣溫，均超過了20世紀40年代以來的紀錄。據WHO估計，這次高溫熱浪事件，在歐洲至少造成了1,500人死亡。為此，許多學者對此次高溫熱浪展開了大量研究。如有些學者從輻射角度，去解釋歐洲2003年夏季高溫事件的原因。Fink等（2009）從天氣學角度指出，反氣旋天氣形勢控制歐洲中部，尤其是在2003年春季和夏季，是2003年夏季高溫乾旱的主要原因[141]。Beniston, M.（2004 & 2009）經由對歐洲氣候模擬發現，在21世紀後半期將會有愈來愈多類似2003年夏季的高溫天氣[135、136]。

據《紐約時報》報導，2011年7月22日罕見熱浪從美國德州一路蔓延到密西根等17個州，所到之處均傳出破37℃的高溫；伊利諾州與愛荷華州地區甚至傳出飆破50℃的高溫。美國國家氣象局曾對這些地區發布熱浪預警，警告美國中西部、俄亥俄谷、東岸（大西洋中間段）等地區，於22日的熱指數將高達40至46℃。熱浪也向北移動，肆虐加拿大中部，多倫多高溫達38℃，但感覺彷彿49℃，人們叫苦連天[21]。

知識連結

2011年《氣候變遷通訊》（Climatic Change Letters）期刊第6卷第2期

之文章指出，若全球持續快速暖化，到了2050年，熱帶與北半球部分地區即便是號稱最涼爽的夏季，也會比20世紀中期最熱的夏季更高溫。非洲、亞洲及南美洲的熱帶地區，甚至數十年內就會「固定出現空前炎熱夏季」。該文章特別警告說，這麼劇烈的氣溫變化，對人類健康、糧食供給和地球的生物多樣性，都會造成巨大衝擊。美國加州史丹佛大學「伍茲環境學院」教授狄芬柏（Noah Diffenbaugh）表示：「全球大部分地區都可能快速暖化，到了本世紀中葉，即使最涼爽的夏季，也會比過去50年最酷熱的夏季還要高溫。」[16]

活學活用

高溫熱浪時，要注意「預防中暑」，方法如下：

1. 盡量避免在強烈陽光下進行戶外工作或活動，特別是午後高溫時段。
2. 穿淺色或素色的服裝，帶遮陽帽、草帽、遮陽傘或太陽眼鏡。
3. 多喝水，特別是鹽開水；隨身攜帶防暑藥物，並盡量避免飲酒。

2010年6月以來，由於高氣壓持續籠罩美國阿拉斯加北部的波弗特海，使整個北極地區氣溫比過去的平均氣溫高了6至8℃。自2010年7月至2011年7月，北極圈的融冰量相當於3個台灣的大小[22]。

4. 適當調節飲食，喝些綠豆湯，用蓮子、薄荷、荷葉與粳米、冰糖煮粥。

5. 須在高溫下工作時，應注意水分的補充及空氣的流通。企業要採取有效的防暑降溫措施，加強對工人防暑降溫知識的宣傳。

3-6 冰雹

基本理論

依據中央氣象局的定義：在對流雲中，當水氣隨氣流上升，遇冷會凝結成小水滴；若隨著高度增加，溫度繼續降低，達到攝氏零度以下時，水滴就凝結成冰粒。在它上升運動過程中，會吸附其周圍小冰粒或水滴，而使體積增大；直到其重量無法為上升氣流所承載時，即往下降。當其降落至較高溫度區時，其表面會融解成水，同時亦會吸附周圍之小水滴；此時若又遇強大之上升氣流，會再被抬升起，其表面則又凝結成冰。如此反覆進行，如滾雪球般，其體積就會越來越大。直到其重量大於空氣之浮力，就會往下掉落。若其達地面時未融解成水，而仍呈固態冰粒者，就被稱為冰雹（hail）；如融解成水，就是我們平常所見的雨[7、52]。

個別的冰雹稱為雹塊（hailstone）。大多數的雹塊呈球狀或橢圓形，有些則為圓錐狀；有些雹塊表面崎嶇不平或呈不規則狀，特殊一些的則有呈啞鈴狀。大多數的雹塊是由許多透明與不透明冰層相間組成的[96]。冰雹可分為3級，其是依據某次降雹過程中，多數冰雹之直徑、降雹累計時間和積雹厚度來區分：輕雹（多數冰雹直徑不超過0.5公釐，累計降雹時間不超過10分鐘，地面積雹厚度不超過2公釐）、中雹（多數冰雹直徑0.5至2公釐，累計降雹時間10至30分鐘，地面積雹厚度2至5公釐）和重雹（多數冰雹直徑2公釐以上，累計降雹時間30分鐘以上，地面積雹厚度5公釐以上）[7]。

冰雹也叫「雹」，俗稱「雹子」，大陸有的地區叫其為「冷子」；夏季或春夏之交，最為常見。其形狀小似綠豆或黃豆，大似栗子或雞蛋的冰粒。大陸除廣東、湖南、湖北、福建、江西等省，冰雹較少外，各地每年都會受到不同程度的雹災。尤其是北方的山區及丘陵地區，地形複雜、天氣多變、冰雹多，以致居民常受害慘重，對農業危害很大。猛烈的冰雹打毀莊稼、損壞房屋、人被砸傷、牲畜被砸死的情況時有所聞。特大的冰雹，甚至能比柚子還大，會致人死亡、毀壞大片農田和樹木、摧毀建築物和車輛等，具有強大的殺傷力。雹災被大陸列為嚴重災害項目之一[7]。

實例解說

台灣地區偶有冰雹發生，只要對流旺盛，且地面相對溫度夠低，就會發生。例如：2011年8月15日，屏東里港地區下午雷雨交加後，就下起了冰雹，一顆顆有如乒乓球般大小的冰雹，把民宅的遮雨篷砸得坑坑洞洞，連民眾的傘都差點撐不住。2006年8月3日，阿里山奮起湖，在高溫後1小時，降下冰雹；據當地居民表示，奮起湖幾乎每年都會下一、二次冰雹，不過時間都不長。另於2011年8月15日，玉山也曾下過綠豆大小的冰雹[119]。

大陸冰雹最多的地區是青藏高原，例如西藏東北部的黑河（那曲），每年平均有35.9天下冰雹（最多時，曾下降53天；最少也有23天）；其次是班戈31.4天，申紮28天，安多27.9天，索縣27.6天，均是出現在青藏高原[7]。

冰雹如果像綠豆大小沒什麼可怕，但有些冰雹大到幾公分就可能會致命，印度北部地區和孟加拉一帶，因冰雹導致死亡的新聞是眾所周知。俄羅斯、東歐和美國的中西部幾個州，都容易受到冰雹侵襲。而美國南方航空的一架班機，在1977年4月4日，前往亞特蘭大途中遇上冰雹，飛機迫降時墜毀，造成機上63人死亡，並波及地面9個人，可見冰雹的強大破壞力。

大陸氣象單位將冰雹預警信號分2級，分別以橙色、紅色表示。其中冰雹橙色預警信號，表示6小時內可能出現冰雹伴隨雷電天氣，並可能造成雹災；此時，人們要做好防雹和防雷電準備，應妥善安置易受冰雹影響的室外物品、小汽車等，老年人和小孩不要到戶外活動。冰雹紅色預警信號，表示2小時內出現冰雹伴隨雷電天氣的可能性極大，可能造成重雹災，戶外行人應立即到安全的地方暫時躲避，相關應急處置部門和搶救災險單位，隨時準備啟動搶救災險應急方案[7]。

大陸冰雹主要發生在中緯度地區，通常山區多於平原，內陸多於沿海。大陸的降雹多發生在春、夏、秋3季，4至7月約占發生總數的70%。比較嚴重的雹災區，有甘肅省南部、隴東地區（在陝西省、甘肅省及寧夏

2009年5月21日下午3點半左右，大基隆地區、原台北縣萬里及汐止一帶，突然下起冰雹，持續約5分鐘左右；由於冰雹來得太急，砸到許多路人，所幸並無人員受傷。

回族自治區之交接處）、陰山山脈（在內蒙古自治區中部及河北省最北部）、太行山區（在河北、河南和山西省之間）和四川與雲南兩省的西部地區[7、115]。

救地球，您我都有責任，就從現在做起。我們盡量少開汽車或騎機車，多搭乘公車或捷運；到商店或賣場購物時，盡量不用塑膠袋，多用布質購物袋；在家中或工作場所，都養成隨手關燈的習慣。

3-7 龍捲風

基本理論

龍捲風（tornado），又稱龍捲、龍吸水等，是一種相當猛烈的天氣現象，其是由快速旋轉，並造成直立中空管狀的氣流所形成。龍捲風是所有天氣系統中最「暴烈」的天氣現象，雖然其生命期只有幾分鐘至幾十分鐘，但強度卻是最強的。無論任何時間、任何地點，只要氣象條件適合，都有可能發生龍捲風。其成因至今尚未完全瞭解，只知其大都發生在強冷鋒和颮線（鋒面前雷雨帶）附近，偶爾亦會伴隨颱風出現[109]。

龍捲風的英文字是從西班牙文tornado「大雷雨」而來。童話《綠野仙蹤》裡，將龍捲風稱為cyclone；另外在電影《龍捲風》及《葉問》裡，則是以twister為名[109、123]。

龍捲風多發生在非常旺盛的乾冷空氣、暖濕空氣交會處。由於該附近的大氣非常不穩定，並有強盛的對流產生（另稱為「超大胞」（supercell）雷暴系統），橫掃範圍達幾十公里。當「超大胞」成形時，加上高低層空氣的風速、風向差異大，而將原本水平旋轉的渦管雲，強烈

扭轉成垂直旋轉。當更強的對流產生時，一下子就會把氣流緊縮、加速旋轉空氣，造成捲動現象。風速很快的龍捲風，發出的聲音有如飛機引擎；但也有很弱、沒什麼聲音的龍捲風。因為超大胞而產生的龍捲風，稱為「超大胞龍捲風」（supercell tornado）。而簡單強烈的鋒面或對流胞，也有可能產生龍捲風，其被稱為「非超大胞龍捲風」（non-supercell tornado）。一般而言，「非超大胞龍捲風」的強度、大小、生命都遜於「超大胞龍捲風」，僅偶有較強個案[123]。

大多數龍捲風直徑約75公尺，風速在每小時64公里至177公里之間；有一些龍捲風風速可超過每小時480公里，直徑達1.6公里以上，移動路徑超過100公里[109]。

龍捲風和颱風、地震一樣都有分級，其是由日本裔、美國芝加哥大學氣象學家藤田哲也（Tetsuya Fujita）在1971年提出，稱作「藤田級數」（F scale）。2007年2月起，美國將造成破壞程度的風速作更精確的分析，稱為「改良型藤田級數」（enhanced F scale），簡稱EF[123]。

實例解說

世界上發生龍捲風最頻繁的地區，是在美國中部，特別是德克薩斯州、奧克拉荷馬州、內布拉斯加州及以東等地區。其原因是，來自墨西哥灣的暖濕空氣和從加拿大來的乾冷空氣，交會於美國中部，以致該區域常發生旺盛對流。大部分的「超大胞」，都是在此地誕生。這裡產生的龍捲風強度、範圍，都比其它地區的龍捲風大，故該地被稱為「龍捲風道」（tornado alley）、「龍捲風故鄉」。美國中部的龍捲風，在春季（3至5月）最多，一年大約有1,600個，甚至更多。美國氣象單位多用雷達觀測龍捲風，並將其分為watch（觀察）、warning（警示）2個階段；希望在龍捲風侵襲的15分鐘前，針對可能侵襲的地區，提出即時預警[123]。

龍捲風並非台灣主要天氣型態；一般而言，其對台灣環境的影響較少。從1988年到2010年，台灣地區發生的龍捲風共有55次，平均每年4.2次，另還有6次為「疑似龍捲風」。台灣西南部（包括台南、高雄及屏東）出現的龍捲風最多，此些地方被稱為「龍捲風巢」；次多地方是花東海域。時間則以5至7月分、下午3至6點時，發生龍捲風機會較多，此表示其與午後不穩定大氣所伴隨的旺盛對流有關。1971年4月，高、屏地區曾發生龍捲風，農業損失高達新台幣9,500萬元；這可能是台灣氣象史上，龍捲風造成最嚴重的災害。2007年4月18日凌晨，在台南市安南區，也發生了該市近年來較明顯的龍捲風；其持續約40分鐘，行經台南、高雄之4個鄉鎮，約40公里，是歷年來在台灣地區持續最久、路徑最長的案例。此次龍捲風造成台南市安南區，有65個受災戶[123]。

2011年5月12日下午1點多，因為對流發展非常旺盛，新北市新店區發生龍捲風現象；其出現過程持續約2分鐘，高度變化非常快速，約從1樓直衝向12樓高。

路上或水（海）上都可能發生龍捲風。發生在陸上的，稱為「陸龍捲」（landspout）；在水上的，則稱為「水龍捲」（waterspout）。在空中看到漏斗狀的雲，是因為水氣被捲了進去。有時「漏斗」的尖端（高度低、近地面處）看起來「黑麻麻的」，是因為捲進塵埃所造成。其在空中的，稱為「漏斗雲」；而碰到地面的，就被叫「龍捲風」[123]。

台灣的龍捲風多發生在西南沿海、屏東外海一帶，以「水龍捲」較多；另外，1977年7月賽洛瑪颱風侵襲台灣時，也曾經引發龍捲風[123]。

活學活用

全球氣候及生態異常現象，是與過量的人為排碳量有關，為了我們大地的母親——地球，回歸到關懷環境、簡樸的生活態度，就可以落實減量行動，為地球盡一分心力。

3-8 雪災

基本理論

雪災也稱白災，是指由於區域降雪過多、積雪過厚，以致積雪成災，影響人們正常生活及對工、農業生產造成重大損失的一種自然災害現象。雪災除了會阻塞交通、危害通訊和輸電設施外，也會對草原畜牧業、冬作物、農業設施等造成重大危害[8、35]。

雪災是指由積雪所引起的災害，主要發生在穩定積雪地區和不穩定積雪山區，偶爾也會出現在瞬時積雪地區。大陸氣象單位根據積雪穩定程度，將積雪分為5種類型：1.永久積雪：在雪平衡線以上，降雪累積量大

於當年消融量，且積雪終年不化。2.穩定積雪：空間分布和積雪時間（60天以上）都比較連續的季節性積雪。3.不穩定積雪：雖然該區域每年都有降雪，而且氣溫較低；但在空間上，積雪不連續，多呈斑狀分布；在時間上，積雪日數約10至60天，且時斷時續。4.瞬間積雪：主要發生在華南、西南地區，這些地區平均氣溫較高；但在季風特別強盛的年分，因寒流或強冷空氣侵襲，發生大範圍降雪，但很快就消融，使地表出現短時間（一般不超過10天）積雪。5.無積雪：除個別海拔高的山嶺外，多年無降雪[8、35]。

雪災依其發生的氣候規律可分為2種：突發性與持續性雪災。突發性雪災，發生在暴風雪天氣過程中或以後，並在幾天內保持較厚的積雪，對牲畜構成威脅；此種雪災多發生於深秋，和氣候多變的春季。持續性雪災，達到危害牲畜的積雪厚度，會隨降雪天氣逐漸加厚、密度逐漸增加，穩定積雪時間長。此種雪災可從秋末，一直持續到第2年的春季[8]。

實例解說

2008年1月10日起，在大陸發生的大範圍低溫、雨雪、冰凍等自然災害。中國的上海、浙江、江蘇、安徽、江西、河南、湖北、湖南、廣東、廣西、重慶、四川、貴州、雲南、陝西、甘肅、青海、寧夏、新疆和新疆生產建設兵團等20個省（區、市），均不同程度受到低溫、雨雪、冰凍災害影響。截至2月24日，因災死亡129人，失蹤4人，緊急轉移安置166萬人；農作物受災面積1.78億畝，成災8,764萬畝，絕收2,536萬畝；倒塌房屋48.5萬間，損壞房屋168.6萬間；因災直接經濟損失1,516.5億元人民幣。森林受損面積近2.79億畝，3萬隻國家重點保護野生動物在雪災中凍死或凍傷；受災人口已超過1億。其中湖南、湖北、貴州、廣西、江西、安徽、四川等7個省分受災最為嚴重[35]。

該次暴風雪造成多處鐵路、公路、民航交通中斷。由於正逢春運期

間，大量旅客滯留站場港埠。另外，由於電力受損、煤炭運輸受阻，不少地區用電中斷，電信、通訊、供水、取暖均受到不同程度影響，某些重災區甚至面臨斷糧危險。而融雪流入海中，對海洋生態亦造成浩劫。台灣海峽即傳出大量魚群暴斃事件。

同樣的是，暴風雪也常造成歐美國家嚴重災害。例如，紐約2010年12月26日起連續暴風雪，造成多日地鐵服務被暫停、多處無電供應、航班取消，許多乘客被擱置在飛機場、火車站甚至地鐵上，以致整個城市幾乎陷入癱瘓狀態[35]。

2008年中國雪災（1月10日至2月24日）造成129人死亡、4人失蹤、166萬人被緊急轉移安置、48.5萬間房屋倒塌、168.6萬間房屋損壞。

一般人常用草場的積雪深度，作為雪災的重要標誌，如積雪深度、密度、溫度等；不過上述指標的最大優點，是使用簡便，且資料容易獲得。但各地草場有差異、牧草生長高度不等，因此形成雪災的積雪深度會不一樣。內蒙古和新疆根據多年觀察調查資料分析，對歷年降雪量和雪災形成的關係進行比較，得出雪災的指標為[8、35]：

輕雪災：冬春降雪量相當於常年同期降雪量的120%以上；

中雪災：冬春降雪量相當於常年同期降雪量的140%以上；

重雪災：冬春降雪量相當於常年同期降雪量的160%以上。

雪災發生的地區與降雨分布有密切關係；其發生的時段，冬雪一般始於10月，春雪一般終於4月。危害較嚴重的，一般是秋末冬初大雪形成的所謂「坐冬雪」（是指入冬後的第一場較大降雪。這場雪後，氣溫猛降、積雪長期不化，有的地方群眾稱之為雪「坐住」了。）；隨後又不斷有降雪過程，使草原積雪越來越厚，以致危害牲畜的積雪持續整個冬天。

如果我們都改採無動物成分的純蔬食來食用，就可以大量減少甲烷、地面臭氧、黑炭等三種生命週期較短的溫室氣體，而能快速達到遏止冰山、冰河融化，有效緩和極端氣候的災難。

3-9 沙塵暴

基本理論

沙塵暴（sandstorm）是沙暴與塵暴的總稱，其是當強風將地面的大量

塵沙捲入空中，使空氣特別渾濁，且能見度低的天氣現象，謂之。沙塵暴是一種風與沙，相互作用的災害性天氣現象；它的形成與地球溫室效應、聖嬰現象、森林銳減、植被破壞、物種滅絕、氣候異常等因素有著不可分割的關係。而人口膨脹導致的過度開發、過量砍伐森林、過度開墾土地，是沙塵暴發生的主要原因。雖然沙塵暴被視為高強度風沙災害，但並不是在有風的地方就會發生；只有在那些氣候乾旱、植被稀疏的地區，才有可能發生沙塵暴[9、73、110]。

由於在大陸地區被強風吹起的，既是有沙又有塵，故常以沙塵暴稱之。因為被吹起的沙的粒徑較大也較重，故很容易下沉；而真正能進入空氣中，並隨氣流傳送到較遠地區的，大多已是塵埃。其對下游地區的影響很廣，包括了大陸、台灣、韓國、日本、美國[9、73、110]。

沙塵暴強度劃分為4個等級[9、109]：

1. 弱沙塵暴：風速小於或等於6級、大於或等於4級；能見度小於或等於1,000公尺、大於或等於500公尺。

2. 中等強度沙塵暴：風速小於或等於8級、大於或等於6級；能見度小於或等於500公尺、大於或等於200公尺。

3. 強沙塵暴：風速大於或等於9級；能見度小於200公尺、大於50公尺。

4. 特強沙塵暴（或黑風暴，俗稱「黑風」）：當其達到最大強度（瞬間最大風速大於或等於每秒25公尺，能見度小於或等於50公尺，甚至降低到0公尺）時。

沙塵暴造成的危害，主要有：老百姓的生活及工作受影響、交通運輸大不便、生態環境趨惡化、人體健康受威脅、生命財產受損失。

沙塵暴防災要點如下[46、120]：

1. 即時關閉門窗，必要時可用膠條對門窗進行密封。

2. 外出時要戴口罩，用紗巾蒙住頭，以免沙塵侵害眼睛和呼吸道，而

造成損傷。應特別注意交通安全。

3. 心血管疾病、氣喘及慢性肺病患者或是老人、小孩，因抵抗力較弱，在沙塵暴來襲時，應盡量避免外出或從事戶外活動。

4. 所有車輛應減速慢行，密切注意路況，謹慎駕駛。

5. 妥善安置易受沙塵暴損壞的室外物品。

實例解說

1993年5月5日，發生在甘肅武威地區的強沙塵暴，導致有87人死亡、31人失蹤，受災農田253.55萬畝，損失樹木4.28萬株，直接經濟損失約人民幣6億元。2001年4月上旬，於寧夏、內蒙古出現強沙塵暴，有2.5萬頭牲畜丟失或死亡，直接經濟損失達人民幣1.5億元。2002年4月5至9日，於內蒙古、河北及遼寧等地的部分地區，出現強沙塵暴，而使內蒙古有9人死亡，1.5萬頭牲畜丟失或死亡。2004年3月26至28日，沙塵暴造成錫林郭勒盟5,000多隻牲畜走失或死亡，蘇尼特左旗22人走失；並造成大陸1,200多架次航班延誤[9、110]。

知識連結

沙塵暴天氣多發生在內陸沙漠地區，源地主要有非洲的撒哈拉沙漠、北美中西部和澳大利亞。例如，1933年至1937年，由於嚴重乾旱，在北美中西部就發生過著名的「碗狀沙塵暴」。亞洲沙塵暴活動中心主要在約旦沙漠、巴格達與海灣北部沿岸之間的美索不達米亞、伊朗南部海濱、俾路支地區到阿富汗北部的平原地帶。前蘇聯的中亞地區哈薩克斯坦、烏茲別克斯坦及土庫曼斯坦都是沙塵暴頻繁（每年約發生15次以上）影響區，但其中心在裏海與鹹海之間[9、73、110]。

中國西北地方由於獨特的地理環境，也是沙塵暴頻繁發生的地區，主

要源地有古爾班通古特沙漠、塔克拉瑪干沙漠、巴丹吉林沙漠、騰格裏沙漠、烏蘭布和沙漠和毛烏素沙漠等。

　　中國西北方、北方、內蒙及蒙古廣大地區，有大片沙漠；因常年亂墾、亂植與放牧，以致該些區域沙漠化相當嚴重，並已蔓延至北京附近。此外，久未下雨的可耕地經過乾旱時期，致有大量塵埃質點存在。這些沙塵質點，在風速很小的情況下是不會移動的，但碰到空氣不穩定的大風吹襲，就會被吹起而進入空氣中[9、110]。

　　環保署於每年11月至隔年5月，沙塵暴來臨季節，會於該署網上提供最新沙塵暴資訊[47]。

活學活用

　　節能減碳，每個人要從自己做起；鴻海集團很早就鼓勵員工，不要買瓶裝水；董事長郭台銘自己帶頭示範帶手帕，其不僅可預防新流感，也可以減少水和衛生紙的浪費[76]。

2010年3月21日台灣遭遇有史以來最嚴重的沙塵侵襲，全台有超過3成空氣品質達到「有害」程度，士林測站的懸浮微粒濃度更是正常背景值的34倍，創歷史新高[122]。

第4章　氣候變遷與海平面上升

基本理論

　　一般而言，海平面上升係由於全球氣候暖化、上層海水變熱膨脹、極地冰川融化等因素，所造成的全球性海平面上升現象（也稱絕對海平面上升）。近100年來，全球海平面已上升了10至20公分，並且未來還要加速上升。而某些地區的海平面變化，常會受到當地陸地的垂直運動，即緩慢的地殼升降、局部地面升降與河海口水位漸次的上升所影響。亦就是，全球海平面上升加上當地陸地升降值之總和，即為該地區相對海平面之變化。因而，要研究某一地區的海平面上升相關問題，只有研究其相對海平面上升的相關現象才有意義[10、81、85]。

　　海平面上升的趨勢，已經持續了數千年。在過去的6000年中，海平面平均每100年上升了5公釐；而在距今18000年至6000年間，海平面一共只升高了120公尺。海浪衝擊著海岸線上的岩石，用衝擊得到的碎片製造海灘，海岸線就這樣慢慢地周而復始的上升。然而現在卻因人類不當與自私的行為，而快速上升了海平面[1、10]。由IPCC報告知，在20世紀裡，海平面平均每年上升了1.7公釐。而根據最近的衛星觀測結果發現，自從1993年以來，海平面每年平均上升了3.1公釐，海平面上升的現象十分的明顯[146]。

　　海平面上升對人類的生存，是影響深遠的。即使上升水位是預期中最低的，世界上大約也會有10%的人口（約6億人）處於被淹沒的危險地區。

即使是海平面只上升50公釐，也會使大部分的家園被淹沒[10、116]。

實例解說

就台灣國土面積計算而言，當海平面上升50公分時，台灣國土面積將損失105平方公里的土地，即是有1,237平方公里土地處於危險中。如海平面上升1公尺時，台灣國土面積將損失272平方公里，且約有1,246平方公里的土地處於危險中[48]。

新北市淡水河口至屏東縣枋寮間，因約有400多公里的海岸是以沙質為主；且其又有地層下陷問題，將是台灣海平面上升影響的主要區域。如台灣地區發生嚴重的海平面上升問題，主要淹沒區將包含了台南市、嘉義縣及高雄市等地；主要危險區將為台南市、雲林縣和嘉義縣等地[48]。

據台大大氣系曾于恆助理教授於2008年8月25日發表之「台灣周圍海域海平面變化趨勢」研究報告，發現自1961年到2003年台灣周圍海域的海平面，平均每年是以2.51公釐速率上升，此數據是全球海平面平均上升速率的1.4倍[1、48、93]。如分析台灣地區相關驗潮站的觀測數據，發現1997～2007年間，高雄沿海地區是以每年6.79公釐的速率上升；其不但是全球平均上升速率的2.2倍，更凸顯了台灣西南部地層下陷速率每年高達7.89公釐的嚴重性[1、94]。

知識連結

20世紀80年代初，科學家們發現，由於人類活動而排放出的二氧化碳等氣體，會產生溫室效應，而導致地球平均溫度升高；引發了海平面上升、水災、乾旱等一系列有關環境變遷之災害。

對於全球海平面變化的研究，目前主要是依靠驗潮站、全球海平面觀測系統（GLOSS）、人造衛星測高法（altimetry）予以監測；而驗潮數據

是監測海平面變化的重要數據。目前全球約有2,000多個驗潮站，數據收集的時間長短，從幾十年到幾百年不等[115]。全球海平面觀測系統的核心工作網（GCN，也被稱作GLOSS02），就是由分布在全球的290個驗潮站組成。這些驗潮站，對全球海平面變化趨勢和上升速率進行監測，並為長期氣候變化研究提供助益[85、86]。而人造衛星測高法，是近30多年來海平面數據的主要獲取來源；其始於美國於1978年發射的SEASAT和1985年發射的GEOSAT，但精度不高。而精確的人造衛星測高法，是始於1992年美國發射的TOPEX／POSEIDON（T／P）人造衛星，和2002年發射的JASO衛星[82、83、150]。由於高精度人造衛星測高法的出現，徹底解決了驗潮站分布的地域侷限，擴大了數據收集的區域，使數據獲取的時間範圍更加規範和連續，並且能夠收集到以前數據極度缺乏的南大洋地區資料[82、85、86]。

另外，根據IPCC第4次評估報告知，隨著全球平均溫度的升高，自1961年以來，全球海洋平均溫度的增加已延伸到至少3,000公尺深。海洋已經且正在吸收80%以上被增添到氣候系統的熱量[145、146]。此一增溫現象，引起海水膨脹，並造成海平面上升。在1961年至2003年期間，該速率有所增加，約為每年3.1公釐。20世紀海平面上升的總估算值，為0.17公尺[140、146]。

全球平均海水面。

我們要有「今日我們的虛榮、奢侈、享受,不應建築在子孫的匱乏上」的認知;如此,環保意識才能化為真正的行動,「節能減碳」才不會只是口號。

4-1 潮汐與潮位基準面

基本理論

潮汐是由於月球和太陽等天體對地球各處引力不同所引起的水位、地殼和大氣的週期性升降現象,其中以海洋潮汐最為明顯。海面上升時稱為漲潮(flood);海面下降時稱為退潮或落潮(ebb)。從漲潮轉為退潮時,海水位達到相對最高時,稱為高潮或滿潮(high water);從退潮轉為漲潮時,水位達到相對最低時,稱為低潮或乾潮(low water)。高潮或低潮時,有一段很短的時間,海面無升降現象,稱為停潮或平潮(stand)。潮汐的週期(period of tide),即高潮至下一次高潮或低潮至下次低潮之水位差稱為潮差(tidal range)。潮差相對最大時,稱為大潮(spring tide);相對最小時,稱為小潮(neap tide)。每天有兩次高潮、兩次低潮,稱為日雙潮(double day tide)或半日潮(semidiurnal tide);兩次高潮之較高的稱為較高高潮(higher high water),較低的稱為較低高潮(lower high water);兩次低潮也可分為較高低潮(higher low water)和較低低潮(lower low water)。每天僅有一次高潮、一次低潮,稱為日單潮(single day tide)或全日潮(diurnal tide)。而實際的潮汐現象並不單純為半日潮或全日潮,稱為混合潮(mixed tide)[112]。

潮位觀測一定要有一共同的參考點做基準,就像量身高一樣,要站在

同一高度量的結果才有意義。自1954年起，量測基隆潮位所用的潮位站，是位於基隆港西岸18和19號碼頭之間的基隆港務局船舶修造廠岸邊，可惜現已損壞。而離該潮位站最近的水準點是「BM柒」，其高程為2.481公尺。所以過去台灣全島的高程，都是由此水準點起算。由於引用不方便，且不易維護；1980年，行政院內政部就在基隆市東海街基隆港務局員工訓練班，闢地新設「水準原點」一座，並美化四周，以誌紀念。可惜該地點原為三沙灣海水浴場的所在地，由於受地質不穩定影響，這個「水準原點」有下陷的現象。內政部遂於2002年，在基隆市中正路海門天險對面，重建了水準原點，以作為高程控制點系統的基準[81、85、112]。2011年，茲因基隆港東岸聯外道路工程影響，又將「水準原點」移至基隆海科館附近的北寧路上。

實例解說

　　潮位觀測地點選擇和其潮汐特性有關，有些地區綿延數百公里，岸線的潮汐特性大致相同；有些地區雖僅數公里，但所表現的特性卻截然不同。例如：從新竹、苗栗到台中沿岸的潮汐特性都差不多，從台東、花蓮到蘇澳也大致相同；但從台灣北部海岸轉入台灣海峽，以及從台灣南部海岸轉入台灣海峽時，潮汐的變化就很大。所以，台灣南、北沿岸的測站要

基隆驗潮站。

多一些；台灣東海岸和西北海岸，只要各設一、二站就可以了。至於確切的位置，最好不要設在河口附近、狹長的海灣或地形複雜的海港內。因為河口的水位，會受上游地區降雨量的影響；潮流進出海灣或海港時，會因地球自轉偏向力及港灣內的蕩漾（seiches）雙重影響，使測得的觀測紀錄無代表性[112]。國際上，通常將1975年到1986年的平均海平面稱為常年平均海平面[85、137]。

知識連結

在一般人的印象，每天會有兩次滿潮、兩次乾潮；潮時每天會延遲50分鐘左右。但是，這種觀念在純半日潮的地區才適用，而台灣沿海都是屬於混合潮的區域。在潮時方面，台灣東部沿海發生滿潮或乾潮的時刻，比台灣西部沿海要早了很多。如果依照一般書上所說的，潮汐主要是受天體引力的影響，那麼南北僅占3.4個緯度、東西也僅占了2.5個經度的台灣沿海的潮汐變化，應該不會有這麼大的差異才是。可見除了天體引力之外，還有很多影響潮汐變化的因素存在[112]。

海底地形和深度的不同，對潮汐的變化也有影響。例如中國的錢塘口及韓國仁川附近的京畿灣，都是有名的潮差較大的地區。如韓國仁川附近的平均最大半月潮差高達9公尺；福建沿海，也高達6公尺；苗栗和台中沿岸，也有5公尺。另外，氣象因素對潮汐也有影響，在廣闊的大洋地區氣壓每升降1百帕（hpa，氣壓的單位；1帕等於每平方公尺1牛頓的壓力；1pa $= 1$ N/m^2），海面高度的變化約1公分。每年冬春兩季的平均海水面比夏秋要低，就是一個明顯的例子。由1986～1993年基隆及高雄，日平均潮位年際變化資料，可看出基隆平均海水面在夏季比冬季高約35公分；而高雄也高了25公分左右，受影響程度也最大[84、86、112]。

IPCC第4次評估報告中指出，隨著全球暖化引起的冰川融化和海洋熱

膨脹的加劇，海平面在未來的幾個世紀將會發生顯著的變化。其曾利用不同模式（不包括氣候中碳循環反饋的不確定性、冰蓋變化的影響），對21世紀末（2090～2099年）之全球溫度變化和平均海平面上升幅度進行預估；發現在不同的溫室氣體排放情景下，到21世紀的後10年，其溫度增加範圍的最佳預估值為1.8～4.0℃、可能性範圍為1.1～6.4℃，而海平面上升的範圍在0.18～0.59公尺（其不包含未來冰流的快速動力變化）[146]。

活學活用

　　廚餘和垃圾要分類清楚，不再給地球增加負擔；在公共洗手間用紙擦乾手時，一次擦乾手只抽取一張；在外喝咖啡時，盡量自帶杯子；不要為圖美觀或氣派，而買過度包裝的物品。

位於基隆市中正路海門天險對面之台灣水準原點。

4-2 台灣潮汐與基隆平均海水面

基本理論

　　台灣潮汐觀測在昭和15年（1940年）中野猿人所著的《潮汐學》一書中已有記載，當時觀測與分析的地點包括：蘇澳灣、成廣澳、加路蘭、火燒島、紅頭嶼、大板埒、車城、東港、高雄、安平、國聖、布袋、海口、沙山、塗葛堀、後龍、淡水、基隆、大嶼島、八罩列島、桶盤嶼、馬公、奎壁山、牛公灣、吉貝嶼等地。可見在日治時期已有相當程度的潮汐觀測與分析資料，而且觀測地點分布的範圍相當廣；可惜的是這些資料均已散失。國民政府播遷來台後，中央氣象局、台灣省土地資源開發委員會水文氣象觀測隊、台灣水利局、台灣省港灣技術研究所、港務局、台南水工試驗所、經濟部工業技術研究院能源與資源研究所、台灣電力公司電源勘測隊、中國石油公司等單位，都先後參與潮汐觀測的工作，而所有的潮汐資料均列入機密檔案。當時的觀測係採用自記紙記錄，再經人工讀取每小時的資料，以鋼筆填錄於紀錄表內，再以密件封存；1990年3月國防部宣布潮汐資料解密。現存維持長期觀測的單位主要為中央氣象局、經濟部水利署、交通部運輸研究所港灣技術研究中心及各港務局[112]。

　　「平均海水面」之定義為：「若於海岸選擇適當地點，長期觀測水位之升降，實施所謂驗潮工作，取得經過月之黃交點週期（約19年期）之驗潮結果，求出驗潮站處海水面之平均位置。」[88、89、112、137]或「如海水處於靜止而平衡狀態，由此延伸及於大陸地面下，由此所成之面。」[85、86、112]

　　台灣本島的高程（俗稱海拔高），是以「基隆平均海水面」為起算點；而島上任何一點的高程，都是相對於這個「基隆平均海水面」算出來

的。為方便起見，行政院內政部在全省各地，設置了很多個一、二、三等水準點，並量出各水準點相對於「基隆平均海水面」的高程。此些高程均屬於基隆港中潮系統之高程值。如果以基隆港潮標零點起算的高程，稱為基隆港低潮系統之高程；如以基隆港最低潮位起算的高程，則稱為基隆港最低潮系統之高程[81、84]。

潮位觀測的基準面（datum）通常定於當地最低潮面，使任一時刻的海水面，均高於此基準面；如此得到的潮位資料，均為正值，較為方便。為求得潮位高度與基隆平均海水面之關係，通常會在潮位站旁設置參考水準點，再由鄰近的一等水準點引測於此，並量其高程。另在岸邊立一水尺，其長應以高於最高高潮面，低於最低低潮面為原則。並記錄水尺頂與參考水準點之距離。如此任一時刻的潮位高度，可由水尺讀出，再換算成以基隆平均海水面為基準面之高程[112、138]。

實例解說

台灣是屬於海島型氣候，人口密度是世界第12，許多人還住在不適宜人居住的地方。由於台灣颱風多、瞬間雨量大、土地侵蝕率又高；而全球暖化卻日益嚴重，其未來所帶來的災難，台灣將是無可倖免。

研究氣候變遷學者警告，隨著全球暖化問題日益嚴重，2020年到2037年，北極之浮冰、格林蘭之冰原與冰川都恐會消失，使海平面上升6公尺。在此情況下，台灣、越南、孟加拉、南太平洋、加勒比海一樣，都將成為全球第一批氣候難民；台灣100公尺以下平原，將無法居住。台灣地區首當其衝的是，嘉義東石、屏東林邊、東港及雲林麥寮；接著淪陷的，可能是台北盆地、高雄市及蘭陽平原。海平面如果再上升，第二批衝擊的是聯合國2009年列入最危險區的各國家三角洲；台灣同步的危險區域名稱，依序則是蘭陽平原、台北盆地（台北市、新北市）與高雄市。如果南

極大陸冰原、冰帽與冰川完全融冰時，海平面將上升75公尺，屆時台灣就只剩中央山脈可以住人了[11、76、77、125]。

知識連結

潮汐是一種相當有規律的海面升降現象，和人類的活動息息相關。例如：沿海航行時，尤其是在河口或海峽，其潮流甚強；頂流航行時，航速減小，使航行時間加長；順流航行時，如船速與潮流速度相等，則船舵完全失效，容易發生海難。在海岸工程方面，海堤或港口的設計，必須先蒐集完整的潮汐觀測資料，才不至於浪費可觀的工程費用。火力或核能發電需要大量的冷卻水，而其水管的深度與長度的設計，就必須考慮當地潮汐的變化。海洋汙水放流管的設計，也要考慮一旦發生海上漏油時，會不會因為潮流的影響，而破壞了沿岸的生態環境。水庫洩洪也要計算潮時，以避免洪鋒到達河口時遇到滿潮，河水無法宣洩造成海水倒灌。兩棲登陸

如果地球暖化成真，從外太空看地球，將欣賞不到地球多樣之景色，而只剩下海水的藍色。

作戰也和潮汐脫不了關係，潮時掌握常是勝敗的關鍵。至於一般民眾的休閒活動，會選擇乾潮時抓螃蟹、撿拾貝類和海藻；釣魚就要依所要釣的魚種，選擇漲潮期或乾潮轉漲潮的時間；而觀賞水鳥會選在滿潮前後的時間。可見潮汐對人類活動的重要[112]。

活學活用

一般家中每天要吹大約5小時的冷氣，如果溫度從24℃調整到28℃，則一個月可以省9.6度電[50]！

4-3 全球海平面變化基本特徵

基本理論

在分析海平面變化的影響因素，和參考近10年來人造衛星測高法觀測資料的研究成果知，全球海平面變化具有以下幾個特徵[115、138、139]：

1. 熱膨脹是引起全球海平面上升的主導因素，其影響範圍大約是2.8±0.4公釐／年；其次為山岳與冰川，其值為每年0.66公釐，由於觀測範圍的限制，這個值可能偏小。而南極與格陵蘭冰蓋的影響，目前仍然很難精確估算，其中格陵蘭冰蓋，大約使海平面每年上升0.13公釐；南極冰蓋對海平面的影響範圍，大約在每年-0.14至0.4公釐之間。其它各種人類行為，直接使海平面每年下降了0.35公釐。綜合上述各種因素可以得知，近10年來海平面變化值，大約在每年0.84至2.5公釐之間。

2. 自20世紀90年代以來，海平面的上升呈加速趨勢，其中西北太平洋與東印度洋海平面的上升幅度最大，是全球平均水平的10倍。

3. 海平面具有明顯的季節變化，每年9月北半球海平面，達到一年中

的最高值，3月是其最低值；而南半球恰恰相反。海平面的季節變化，具有明顯的地區差異。總而言之，北半球的季節變化幅度，要高於南半球；北緯30°至40°海域，要高於其它海域（差值可高達12公分）；太平洋與大西洋的季節變化幅度，要高於其它大洋。

4. 北半球之一年內海平面最高值出現時間，與其颱風和颶風的出現時段相吻合；特別是在北緯20°至50°的大陸東部地區。而這一緯度範圍內的太平洋和大西洋沿海地帶，是城市密集、人口稠密、經濟發達的地區。當升高之海平面再加上颱風、颶風帶來的風暴海潮時，對當地沿海城市安全，造成嚴峻的威脅與考驗，是世界危險海岸帶；其包括了大陸東部沿海地區、加勒比海地區、日本沿海地區、美國東海岸帶和墨西哥灣地區等等。

如前所述，根據IPCC第4次評估報告的最新研究成果知，20世紀海平面上升的總估算平均值為0.17公尺（範圍為0.12至0.22公尺）[146]。

實例解說

有學者曾模擬，當海平面上升6公尺時，全台灣海拔100公尺以下土地，將有25%遭淹沒，「環境難民」將達587萬人。災害最嚴重的是台南，幾乎徹底淹沒；位於台北盆地的台北市，將成為「台北湖」；高雄也將淹到只剩下一個「壽山島」[127]。2009年9月1日，中央研究院地球科學研究所汪中和教授表示，一旦海平面上升1公尺，台灣將有一成的土地被海水淹沒，尤其台北盆地、台中、彰化、雲林、嘉義、高屏沿海林邊與佳冬、蘭陽平原等沿海受影響最深。由於台灣沿海周圍比較低窪的地方，約占台灣土地的1/3，而其中有2,000多平方公里是因為過去地層下陷；所以此些地方，最容易受到衝擊和傷害[27]。

海平面上升，是由絕對海平面上升和相對海平面上升所構成。絕對海平面上升，是由全球氣候暖化導致的海水熱膨脹和冰川融化造成的。相對海平面上升，是由地面沉降、局部地質構造變化、局部海洋水文週期性變化，及沉積壓實等作用造成的[87、90、115]。

海平面上升不但嚴重威脅著人類的生存環境，其也會導致海岸帶（coastal zone）「侵蝕」加劇、鹽化增強，並影響沿海地區紅樹林和珊瑚礁生態系統的正常生長。海平面上升還導致熱帶氣旋頻率和強度的增多，根據大陸海洋災害公報數據統計，自2000年至2004年，大陸受風暴潮影響所造成的直接經濟損失，就高達人民幣483.43億元，死亡人數達391人。2005年在大陸沿海地區，直接登陸的強颱風，就達8次；其引起的風暴潮和特大暴雨，對大陸沿海地區造成了嚴重經濟損失和人員傷亡[115]。而襲擊美國的卡崔娜（Katrina）颶風，幾乎淹沒了著名的紐奧良市，直接經濟損失達1,500多億美元[59]。

由相關資料顯示，目前全球一半以上的人口，居住在離海岸60公里之內的沿海地區。這些地區平均人口密度，較內陸高出約10倍；且又大都是工農業、旅遊、交通等經濟最發達的地區，對各國的可持續發展有著舉足輕重的作用。由於海平面上升，太平洋島國吐瓦魯（Tuvalu）已有1/4居民撤往紐西蘭；其也許將成為世界上，首個因海平面上升而全民遷移的國家。如果海平面上升1公尺，全球將會有500×104公里^{2}的土地被淹沒，會影響世界10多億人口和1/3的耕地[78、111]。同時，根據IPCC第4次評估報告的結論，即使溫室氣體濃度趨於穩定，人為暖化和海平面上升仍會持續好幾個世紀[146]。

在出門前半小時，就可以先關閉冷氣，利用殘留的涼度將家事辦妥出門，如此一個月就能省下約15度的電費囉[50]！

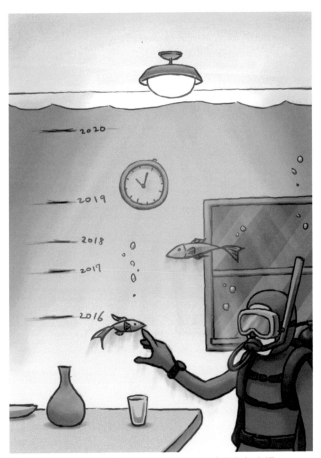

如果海平面上升6公尺，台南市近85%的面積將泡在水裡。

4-4 未來海平面變化趨勢

基本理論

　　由現有的研究成果知，海平面上升是全球氣候暖化的必然結果；如以10年為一個級數（order），則在100至1000年間，發現海平面變化與氣候變化是高度相關的。即當全球氣溫升高時，全球海面會隨之上升；當氣溫降低，則海面隨之下降。由相關證據顯示，20世紀的全球海面上升趨勢，可能與人為因素導致的氣候暖化，有密切相關。近20年來，相關研究已往其間之變化因素、減少不確定性、提高可信度的方向發展。由於海平面變化之因素與地球表層大氣圈、水圈、岩石圈的變動，甚至與地球內部和地球以外的某些變動有關；因而海平面變化預估，是一個影響因素繁多，且極其複雜的問題。如與未來氣候變遷預估相比較，海平面變化預估的難度其實更大，而預估方法的成熟度和可靠性，反而更低一些[10、111、115]。

　　探討「未來海平面變化之趨勢」，是涉及多方面研究領域；而所謂的「海平面變化預估」，是特指在全球暖化背景下，21世紀海平面上升幅度的預估。未來全球性的海平面絕對變化幅度的預估，主要是算出未來全球平均海面與地心間之距離的變化值，這是21世紀海平面預估的最基本目標。其間涉及的基本環節有5個：大氣成分變化、其它氣候因子變化、海洋熱膨脹、大陸冰雪融化、氣候系統反應，其間關係如下圖[115]：

實例解說

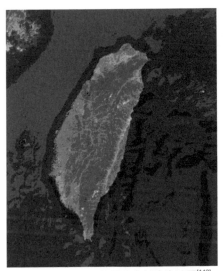
海平面上升1公尺，台灣本島被淹沒地區[142]。

海平面上升2公尺，台灣本島被淹沒地區[142]。

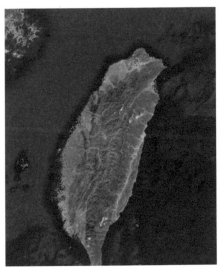
海平面上升5公尺，台灣本島被淹沒地區[142]。

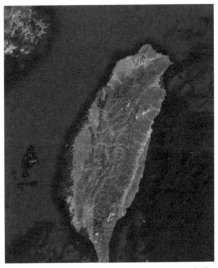
海平面上升9公尺，台灣本島被淹沒地區[142]。

分析1993年至2003年間的人造衛星觀測數據，得出全球海平面的上升幅度為每年2.8±0.4公釐；同時還發現，海平面變化具有時空差異：太平洋和東印度洋的上升幅度，超過了全球平均值的10倍。在過去10年間，整個大西洋都有一個明顯的上升過程；但是有些區域之海平面卻在下降，如東太平洋和西印度洋[10、111、115]。在同一個年度內，不同的時間和海域，海平面會有著較大的變化。如北半球海平面最高值和最低值，分別出現在9月和3月；南半球恰恰相反。季節變化還存在著地域性和緯度的差異，其中北太平洋和北大西洋的季節變化幅度最大。在北緯20°至50°是全世界季節變化最大的區域，海平面年內變化可達到5至6公分，最大季節差值可達12公分[79、115、147]。

2008年出版的IPCC第4次評估報告指出，由於極地冰原退縮，在末次間冰期（約12.5萬年前），全球平均海平面高度，可能比20世紀還高出4至6公尺。由目前所收集之冰芯資料顯示，那個時期平均極地溫度，比現在高出3至5℃；而格陵蘭冰蓋和北極其它冰原所造成的海平面上升，約為4公尺[146]。

平時要養成防止冷氣外洩的好習慣，如此可省電25至90%；按月清洗過濾網，可省電2至5%；定期維護設備，以維持高效率運轉，則可省電5%[50]。

4-5 海平面上升的影響

基本理論

海平面上升對人類的生存和經濟發展，是一種緩慢性的自然災害。也正因為它是慢慢的，因而往往不被人們所重視，以為每年2至3公釐的上升，還構不成危險。其實，這種災害是累積和漸進的；以現在每年上升3公釐，每10年再多增加上升1公釐為例，本世紀第一個10年海平面將上升為31公釐，第20年則上升為62公釐，至本世紀末將升高達3.1公尺。如再加上許多沿海地面沉降的影響，海平面上升可能達到5至6公尺，甚至更多。這對許多地方的人來說，無疑是滅頂之災；況且就是現在，海平面上升就已經給沿海地區居民帶來了危害[10、116]。

全世界約有半數以上居民生活在距海不到60公里的沿海地區。我國有80%的人口，和90%以上的財富，分布在沿海地區；因此，海平面持續上升，是絕不能忽視的重大問題[39]。

海平面上升影響，可分為三大類：1.環境的影響。包含了颱風和風暴潮的災害加劇、水災威脅加大、生態景觀被破壞、汙水排放的難度增加、沿海濕地的損失、海岸線後退、沿海低窪地區和海岸侵蝕加重、濕地生物的遷徙、破壞生態平衡、土地鹽化加劇、海洋潮差加大、沿岸地區飲用水質變差。2.經濟的影響。其包括減少沿海城市的面積、生產力降低、沿海工業被迫遷移、淹沒沿海耕地，使耕地變少，影響農作物種植、工程設計與建造經費投入增多、旅遊資源損失、數以百萬人失去居所，居民被迫搬遷；因沿海的水域面積增大，有利水產養殖業。3.社會的影響。有因環境惡化，而影響人民健康、居住條件受限制、加劇水資源短缺、要適應海平

面上升，需要昂貴的適應措施、人民原有的生活與活動設施，將被淹沒、有些沿海居民，被迫改變工作[10、78、111、115]。

只要海平面上升60公分，一些島國如馬爾地夫便會被淹沒。太平洋上島國——基里巴斯的其中2個小島，已被淹沒於巨浪之下；在2005年初，該國其它的島嶼，已被大潮淹沒，包含了房屋、耕地、井水及醫院[10、32]。

海洋大學環境資訊學系董東璟教授等，於2008年發表「高雄與基隆長期海水位變動分析」報告，其研究發現近20年來，台灣北部基隆地區海平面以每年5.91公釐速率上升；而台灣南部高雄地區海平面以每年3.64公釐速率上升，上述數據約是全球平均值的2.1至3.3倍。其並於2009年之報告中預估：台灣地區海平面上升速率比先前研究結果為大，並比全球平均上升速率大；在沒有防護措施情形下，西部平緩海岸坡度若為1/1,000者，屆時海岸線將後退250至590公尺；海平面上升最可怕的，不只是它造成多少海岸地帶的淹沒，還有岸邊水位抬高後對環境的衝擊、波浪與暴潮對海岸的直接影響……等，是極為重要，且是一旦發生後無法復原的衝擊[97]。

《天下雜誌》於2010年3月，製作《【行動綠生活‧台灣不碳氣】看河：消失的生命之河》；《天下雜誌》從1996年起，就開始記錄高屏溪。在八八水災後，高屏溪的變貌，更讓我們不得不面對一個真相，那就是：我們所居住的台灣，是個美麗島，卻也是非常脆弱的風險島。台灣地震多、地質鬆軟，加上極端氣候下，我們的國土其實是很脆弱的[3]。

由《科學》雜誌報導知，全球暖化使得海平面上升的速度，比本世紀初預估的還要快。全球平均海平面在過去100年，已上升0.1到0.2公尺。如

果世人再不知節制，使溫度繼續不斷上升，則海平面可能在2100年以前，就會上升1.4公尺，其大約是先前預估值的2倍[78]。

　　依台大地質系陳宏宇教授分析，台灣土地受菲律賓板塊與歐亞板塊擠壓，每年由東向西平均侵蝕約80公釐，海平面平均上升5至7公釐。據2003年的《自然》雜誌及《科學》雜誌刊載，全世界每年沖刷的土砂量約為2,200億噸；而台灣因板塊擠壓及土石流沖刷的土砂約3億8,000噸，以此數字除以台灣面積3.6萬平方公里，台灣土地侵蝕量占全世界的0.024[126]。

活學活用

　　2010年全台家戶用水量，為1,985百萬度，排碳量為383.2千公噸；與2009年相比，全台家戶耗水8.98百萬度，增加排碳量1.7千公噸。我們應珍惜水資源、愛護水資源、節約水資源，就從現在做起[44]。

如果世界各國不正視溫室效應所導致的全球暖化，南北兩極的冰帽將會大量融化，目前沿海的大部分城市將會沉泡於水中。

第 5 章　氣候變遷與公共衛生

基本理論

　　由於氣候變遷的因素，會造成各類極端天氣、冰帽融冰、海平面上升等災變；但其潛在災害，尚不僅於此。科學家警告，由於全球氣候變遷，所造成的疾病散播及其它公共衛生問題，將會嚴重危及大眾健康。在氣候變遷對世界各國公共衛生議題的衝擊方面，目前至少包括4個主要方向，即極端事件、熱效應、空氣汙染與傳染性疾病[31、130]。

　　氣候變遷對公共衛生的影響，目前已是熱門議題，全球衛生專家均投入相關研究。多份醫學期刊與2008年的世界衛生日，均曾以此為研討主題[71]。公共衛生的專家們非常憂心，如果目前全球暖化趨勢無法控制，將會大幅增加衛生風險，危機包括了高溫殺人及天災；某些傳染病，也易受氣溫或雨量急遽變化，而發生快速蔓延的現象，如瘧疾與登革熱。由研究發現，假定人口數量不變，於2100年時，氣候變遷將使非洲受到瘧疾殘害的人數，增加16%～28%，大部分的非洲地區將淪陷為瘧疾流行區。類似上述改變所造成的可怕後果，以前都曾發生過；例如，孟加拉霍亂疾病蔓延、非洲裂谷熱（Rift Valley Fever；是一種藉由昆蟲（主要是蚊子）或直接接觸病畜傳播，所造成之人畜共通傳染病；主要感染的動物，包括綿羊、牛、水牛、山羊、駱駝、馬及驢等。人的裂谷熱，主要發生在非洲撒哈拉沙漠以南的區域；但非洲其它地區、埃及、沙烏地阿拉伯和葉門，也

都曾經爆發流行。此病潛伏期通常約為2至6天，初始症狀如同感冒，大多數的病例症狀輕微且通常會在發病後7天內復原；但少數病例會發展成為嚴重的併發症，如視網膜病變、出血熱症候群及腦膜腦炎。）[31、62、148]。

　　WHO不斷的呼籲，除非人類採取積極並有效的行動，否則到2050年時，氣候變遷效應將使飢餓人口與相關衛生威脅成長一倍。該組織並建議，人類必須落實永續生活方式，以降低氣候變遷效應的影響；且我們必須比過去更加保護野生動物，因為面對致命疾病時，野生動物便是公共衛生的早期預警機制[31]。

實例解說

　　由南美洲、非洲與其它地區之登革熱與黃熱病（Yellow Fever；為一病期短且嚴重度變化大的急性病毒感染疾病，輕微病例在臨床上難以診斷。典型症狀包括有猝然發作、冷顫、發燒、頭痛、背痛、全身肌肉痛、虛脫、噁心、嘔吐、脈搏慢而無力但體溫上升[43]。）之疫情顯示，蟲媒傳染疾病之疫情爆發，常與不正常之氣候有密切關係。因聖嬰現象常導致一些國家會有較多降雨情形，隨後此些國家即爆發蟲媒傳染相關疾病之疫情。而受聖嬰現象影響之地區或國家，蟲媒傳染疾病之病例數目，通常在聖嬰年會較多；也就是，當聖嬰現象發生時，較易導致蟲媒傳染疾病之疫情。上述現象，在溫室效應較明顯之地區或國家，是最為嚴重[2]。

知識連結

　　研究「氣候變遷對人類健康的影響」，始於20世紀80年代末和90年代初；但相關研究的範圍一開始是很狹隘的，大部分都是研究有關氣候變化率、極端事件（如高溫熱浪等）與人類健康之間的關係。1995年之後，科學界對於傳染病，特別是與流行性疾病年變化有關的自然氣候變率對健康影響

的研究，才大量增加。2001年發布的IPCC第3次影響評估報告，綜合了20世紀末之前有關氣候變遷對人類健康影響的研究成果，得出有較高可信度的結論[144]：「如果熱浪的頻率和強度繼續增加，則死亡和患嚴重疾病的危險性也會增加；而對老年人和都市居民更是如此。」遺憾的是，這一結論，似乎並沒有引起國際社會的特別關注。在2003年夏季，歐洲出現高溫熱浪期間，共造成35,000多人死亡。在這一事件之後，國際社會才增加對「高溫熱浪等極端天氣事件對人類健康的影響」的研究。2007年IPCC第4次影響評估報告，收集了有關氣候變遷對健康影響的研究報告和論文多達500餘篇，其研究範圍和內容大致包括了[146]：人類健康對氣候變化的敏感性、脆弱性和適應性分析；熱效應（包括高溫熱浪、寒潮）對健康的影響；極端事件和天氣災害（包括水災、風暴、氣旋、颶風、乾旱）對健康的影響；氣候變遷對傳染病的影響（包括模擬的氣候變遷對瘧疾、登革熱的影響）等[115、148]。

　　雖然氣候變遷已為全球現象，但專家提醒真正受害最深者，都是貧窮國家的人民。在90年代，有關氣候變遷的天災，全球有60萬人死亡；其中95%都發生於貧窮國家。而腹瀉、瘧疾與蛋白質營養不良的相關問題疾病，均與氣候變遷息息相關。如在2002年時，因上述疾病身亡人數，就超過300萬人，而其中1/3是位於非洲[31]。

　　WHO於2008年10月發表一份報告，其中特別提到，因氣候變遷與降雨之因素，有12種人畜共通疾病，會散播至新的地區。此些12種「致命疾病」，包括了禽流感、霍亂、伊波拉病毒（Ebola virus；為嚴重急性病毒性疾病，病症為突然出現高燒、不適、肌肉痛與頭痛；接著出現咽喉痛、嘔吐、腹瀉、斑點狀丘疹與特異出血現象。重症者常伴有肝臟受損、腎衰竭、中樞神經損傷、休克併發多重器官衰竭[40]。）、萊姆病（Lyme disease；為人畜共通傳染病，多發生於哺乳類動物，包括人、犬、貓、牛及馬等，並不會經由人傳染給人；症狀包括皮膚組織、循環系統、神經系統及肌肉骨骼

系統等異常症狀[41]。）、肺結核、黃熱病等等。為避免大規模疫情爆發，WHO建議加強監控野生動物健康，以瞭解這些疾病遷徙動向[31、71]。

　　WHO另強調，除非人類採取適當行動，氣候變遷效應在2050年時，將使飢餓人口與相關衛生威脅成長1倍[31]。氣候變遷不只增加天災發生頻率，也對人類的健康構成威脅，其中小孩和老人受害最深。

　　美國醫學會於2009年11月曾致函美國總統歐巴馬，提醒他重視氣候變遷對人類生存的危害；並建議他透過整體考量，從醫療改革及教育等多方面著手，以面對氣候變遷的挑戰[28]。

由於海冰減少，自1975年以來，南極企鵝數量銳減80%以上。

　　由科學研究顯示，氣候變遷所造成的惡果和影響，已不是非常遙遠的未來；而是我們及現存的孩子們這一代，就要面對及遭遇到的挑戰。如何保護全人類共享的唯一家園——地球，已是我們刻不容緩的共同課題[45、130]。

5-1 氣候變遷與疾病

基本理論

　　氣候變遷對公共衛生的影響，主要有2點：一是因平流層（stratosphere；亦稱同溫層，位於對流層的上方和中間層的下方）臭氧破壞所帶來的紫外線照射量增加，另一是溫室效應。由於工業廢氣及人類濫墾、濫伐，對環境造成嚴重的破壞，而導致了全球暖化；哈佛大學研究發現，全球暖化會增加心腦血管、熱中暑、熱休克、熱衰竭、氣喘、過敏性、皮膚病、腎結石、結核病、蟲媒病、水媒病（Waterborne disease）、眼疾、呼吸道系統與沮喪或憂鬱症等許多疾病的罹患率[2、130]。IPCC也提出類似警告，例如瘧疾等由帶原者傳染的疾病，很可能會因氣候變遷而轉變；例如肯亞境內過去無瘧疾地區，如今也傳出病例[31]。

　　全球暖化對於人體的健康影響，可分為直接衝擊和間接衝擊兩方面。在直接衝擊方面，主要是熱效應造成的罹病率和死亡率的增加；其常見的相關疾病，包括熱中暑及熱衰竭，這對於小孩、老人、慢性心臟血管疾病患者與呼吸道患者的影響最大。在間接衝擊方面，許多感染性疾病的病因學，已知由某些特定的病毒、細菌或寄生蟲所引起。感染性疾病的發生率，可能會隨著溫度的上升而有所改變。一般冬天的死亡率遠比夏天低得許多，但是當冬天出現陰天、潮濕天和下雪天時，可能會有較高的死亡率[2、130]。

而較高之氣溫與降雨量，將會增加某些傳染性疾病之傳染性。例如，由聖嬰現象所導致之環境變化，其對蟲媒傳染的疾病，會有巨大的影響。因為依附水環境之病媒，特別容易受到氣候暖化之衝擊；而降雨量又是氣候變遷對傳染病效應之重要因子；如果降雨量過多，很容易導致霍亂、痢疾、傷寒、腸道寄生蟲、傳染性肝炎等疾病之蔓延[2]。

實例解說

假設台灣地區未來平均溫度增溫1℃時，登革熱發生之高風險鄉鎮區，將會由現有之46個鄉鎮增加至86個（人口數約為7,748,267人）；另中度風險地區，亦增加至203個。如果地球暖化狀態一直惡化下去，則台灣地區登革熱流行範圍，將會顯著上升；在世紀末，台灣地區恙蟲病（Tsutsugamushi disease；通常在被具傳染性的恙蟎叮咬的部位，形成特有的洞穿式皮膚潰瘍型焦痂；這種急性的熱病在9至12天的潛伏期之後發生，伴隨有頭痛、出汗、結膜充血和淋巴腺發炎腫大等症狀。發燒1週後，在軀幹出現暗紅色的丘疹，並擴散至四肢，於數天後消失。通常也伴隨有咳嗽和用X光偵測有肺炎的現象[42]。）的發生數目，將擴大為現今之2倍。而登革熱的高風險地區，因會擴散至北部地區，而為102個鄉鎮。越趨極端降雨時，民眾的飲水安全與相關健康問題，如A型肝炎與桿菌性痢疾的發生，也會隨之增多[39]。

知識連結

由於全球氣候變遷導致氣候和天氣的劇烈變化，對人類健康將產生廣泛的影響，並且負面影響總體上超過了正面影響。未來隨著全球氣候的進一步暖化，高溫熱浪發生的頻率和強度將會增加；而高溫熱浪等極端天氣所產生的熱效應，將會提高死亡率。2007年8月10日出版之美國《科學》

雜誌，發表了一項研究成果，其表示未來10年（2006年～2015年）全球氣候將繼續暖化；而2012年之後，至少有一半的年分，全球平均氣溫將超過歷史上最高溫的2005年[115]。如果未來全球氣候暖化幅度真如預測的那樣，將會有更多極端事件發生，高溫熱浪發生頻率和強度也都會增加；由極端高溫事件引起的死亡人數和嚴重疾病也都將會增多；這將成為人類對全球氣候變遷的新挑戰[32、33]。

氣候變遷使我們周遭的過敏因子愈來愈嚴重，其是台灣兒童過敏體質變得盛行的主要因素之一。

由相關統計資料知，目前台灣地區的居民，因極端高溫或低溫所引起心血管疾病而死亡的風險，比因呼吸道疾病而死亡的風險還要高。因而台灣地區極端高溫的天數若持續增加時，將可能增加心臟血管或呼吸道疾病的死亡率。另外，地球暖化亦會對食物儲存、食物安全與充足性產生重大的影響，其也間接會導致食物中毒與營養不良事件的發生[39]。

活學活用

若您希望為地球盡一分心力，則可以在生活與工作中，以實際行動協助地球降溫。例如，使用更節能的交通運輸工具、食用當地生產的食物、採用綠建築、更有效率地使用能源、減少垃圾與資源回收、珍惜用水等[71]。

5-2 氣候變遷與人類健康

基本理論

由於全球暖化，高溫熱浪、特大洪水等極端氣候事件的頻繁出現，會對人類健康產生直接影響；亦就是，極端氣候事件頻率或強度的增加，如暴雨、颱風、洪水、乾旱等，都會以各種方式對人類健康造成傷害。這些自然災難不僅能夠直接造成人員傷亡，而且還透過損毀住所、水源汙染、糧食減產、人口遷移等災害，來間接影響健康[115]；並連帶增加傳染病的發病率，如瘧疾、登革熱、鼠疫、細螺旋體病（Leptospirosis）、萊姆病、蜱媒腦炎（Tick-borne encephalitis）、利什曼蟲病（Leishmaniasis）、住血吸蟲病（Bilarziasis）、卡格氏病（Chagas disease），及齧齒動物傳播疾病的漢他病毒（Hantavirus），與水媒傳染性疾病的隱孢子蟲症（Cryptosporidium）、梨形鞭毛蟲病（Giardiasis）與霍亂[130]。

極端事件對健康的影響，大致上可分為立即性、中期性和長期性等3種。立即性的影響，主要是在事件發生的同時或之後，會造成大量的傷亡；如土石流造成的活埋、洪水造成的溺斃、天寒造成的凍傷，及颱風造成的相關傷害。中期的效應主要包括腸胃的不適、心血管、大腦梗塞、凍死與傳染性疾病的增加。長期效應則有蟲媒傳染原滋生、生理功能障礙、營養不良、情緒不穩、心理創傷等[130]。

而熱效應將會使中暑病人及死亡率有驚人的增加。因熱浪所造成的死亡，大都是與腦血管、心血管和呼吸性的病因有關；其它相關病症有熱昏厥、中暑、熱衰竭和熱痙攣等。與熱效應相關的慢性健康損害，也可能表現在代謝過程、生理功能和免疫系統上。熱效應對人體健康的影響，會因濕度增高而更加嚴重。而需要長期藥物治療，且會影響體溫調節能力的病人，也是較易受熱效應的衝擊。熱浪對都會地區所造成的健康影響，一般是大於附近的市郊或鄉村地區；其原因是熱島效應和持續的夜間活動，使得都會地區會出現較高的溫度[130]。

當城市熱島效應持續加強時，其不僅導致了都會地區環流的變化，也會使得城市空氣品質下降，直接危害人體健康。而空氣中的汙染物，對人體健康危害最大，特別是對呼吸道的影響最為嚴重。當呼吸性微粒（懸浮微粒依其粒徑大小，而對呼吸道的影響有所差異；一般將粒徑小於或等於 $10 \mu m$ 的微粒稱之為呼吸性微粒，因為這些微粒可隨著呼吸作用進入呼吸系統[70]。）通過呼吸進入呼吸道後，將沉降於鼻腔、呼吸道及肺泡細胞，從而對肺組織產生強烈的刺激作用，引起急、慢性呼吸道疾病[115]。當汙染物侵入人的身體後，會降低身體的非特異性免疫功能（即一個人的抵抗力好不好），而使人體免疫力下降，並誘發各種疾病。由相關研究發現知，大氣汙染嚴重地區的兒童，一些非特異免疫指標如噬菌細胞（phagocyte）指數、唾液的溶菌酵素（lysozyme）活力及血清（serum）中抗細菌、抗病

毒、抗毒素的能力，均會明顯下降；而呼吸道疾病則會顯著增多。

　　也就是說，當人們暴露於空氣汙染中，汙染的空氣將會直接或間接影響人們的健康。由於都會區發生空氣汙染時，其會有懸浮微粒、臭氧、酸性氣膠（acid aerosol）等汙染物濃度增加之現象；而醫院呼吸道相關病患就診數，也會隨之增加。當發生嚴重空氣汙染後，可發現老年人死亡率有增多的趨勢。由歐盟的相關研究知，空氣汙染對於健康的影響，在夏季或高溫期間是特別明顯，尤其是在高溫與空氣汙染的加成熱效應下[101、115、130]。

　　由於氣候變遷也會引起海洋環境的變化，使人類因食用魚類和貝殼類中毒的危險大大提高。而與水溫相關的生物毒素，如熱帶海域的魚肉中毒現象，會向高緯度地區擴展。另外，較高的海面溫度，會延長有毒藻類的生長期，這將對海洋生態產生破壞作用，而使人類食物中毒機會增多。氣候變遷也會使地表水的水量和水質都發生變化，其將影響到痢疾的發生機率。氣候變遷還會造成糧食供給發生變化，使貧困地區的人之營養和健康受到影響，而使兒童身體和智力發育不良、成人勞動能力減弱，並使感染疾病的機率增加[101、115]。

實例解說

　　由行政院環保署空氣品質觀測站的監控數據知，當大陸發生強沙塵暴或特強沙塵暴時，並在適當的大氣環境條件下，台灣上空的空氣品質就會受到很大的影響。其原因是，台灣上空之空氣懸浮物質會快速增加，且在短時間內造成大範圍空氣品質惡化。就現有資料分析，發現當沙塵暴事件發生後1～3天，台灣因心肺疾病而急診就醫人數，就會明顯增加。由此些病患24小時心電圖監測檢查，可發現患者心跳速率會有減緩情形；且其體內的發炎指標，也有上升的現象，此表示患者有生物性感染的可能[130]。

　　由台灣現有的資料庫中，初步分析發現，目前的埃及斑蚊布氏指數監

測，並無法有效預測登革熱週期性流行是否會發生。但利用溫度的變化，卻能評量登革熱是否會有爆發的危險性。此表示，未來如有長期暖化趨勢時，台灣南部地區極可能就會發生登革熱的大流行[130]。

知識連結

由歐盟26個國家科學院的研究人員組成的歐洲科學院諮詢委員會（European Academies Science Advisory Council, EASAC），於2010年6月提出報告說：氣候變遷對傳染病的重大影響，已可察覺；未來數年內，新的病毒載體和病原體，很可能會在歐洲出現並扎根。該委員會並認為登革熱、黃熱病、瘧疾，甚至人間鼠疫，在歐洲的傳播與氣溫升高有關。當全球氣溫上升，較高的溫度為病毒載體及病毒，提供了增高生長繁殖速度的條件。傳播疾病的昆蟲成熟會更快，繁殖的後代將更多；更多的病毒載體和病毒，將導致更多的疾病。並使熱帶傳染性疾病，向北漸漸蔓延。例如，歐洲氣溫上升，將為一種傳播黃熱病、西尼羅河病毒、登革熱和腦炎的蚊子提供新棲息地[101]。

在氣候變遷下，台灣地區未來發生極端性的降雨，將會由偶發性漸次為常態性。而超乎預期的降雨量，除直接造成生命損害外，亦間接地造成疾病風險的上升。如2005年暴雨後2週，感染下肢蜂窩性組織炎的疾病風險增為2倍。而台灣未來可能在極端降雨加劇下，因潔淨水不足與接觸汙水機會增加等因素，將使發生相關慢性疾病的風險提高；如飲用水相關慢性中毒、皮膚感染（skin infection；即皮膚、黴菌、細菌病毒之感染）等。而極端氣候造成的直接災害和傷亡，將會使災區創傷症候群發生的機率相對提高，進而影響災區居民心理健康[39、130]。

　　希望災難減少，地球更健康，讓我們一起珍愛環境，珍愛未來的子子孫孫，讓他們不必再受苦[71]。

兒童及老人之活動受到氣候變遷衝擊影響的風險特別高；因為在這一連串的氣候變遷過程，酷熱之後最終會變成酷寒。

第 6 章　氣候變遷應對策略

基本理論

　　IPCC將現有資料分析，預測氣候變遷會造成許多無法評估的災難；目前已有一些事項被證明正逐漸成為事實，或甚至更糟。其並預估到了本世紀末，二氧化碳的濃度將會達到1,000ppm，且會引發毀滅性的後果。為了讓地球維持在與目前差不多的狀況，人類必須共同努力降低目前385ppm的二氧化碳濃度，以期控制在350ppm以內[146]。

　　人類現在若不面對事實，且不立即採取有效的措施，則在2060年之前，地球氣溫將會升高4°C以上。此時全球沙漠化規模將擴大、永凍層將融化並釋放出巨量的二氧化碳和甲烷、亞馬遜雨林將瓦解；則到21世紀末時，地球氣溫將可能升高5至7°C，而引發不可預測的災難。例如2010年，包括俄羅斯、沙烏地阿拉伯、科威特、尼日、伊拉克、巴基斯坦、查德和緬甸在內的16個國家，經歷了從未有的酷熱和創紀錄高溫，此也是酷熱國家數量最多的一年。

　　目前估計全球已有2,500萬至3,000萬氣候難民；而到2050年時，人數可能會激增到2億至10億。人類應該如何面對及因應氣候變遷所造成的相關災害呢？首先，須以減少溫室氣體排放為主要指標，通過將人類活動從無序狀態逐步調整為有序狀態，從而達到減少人類活動對氣候變遷影響的目的；其次是，針對氣候變遷有關災害日益加重的現況，制定和建立有效的相對應機制，以減少災害所造成的損失。

2010年夏天的熱浪及森林大火造成莫斯科嚴重空氣汙染，使得莫斯科每天死亡人數遽增到700人。莫斯科市政府官員宣布於該年的夏季，死亡率增加了60%，有近11,000個居民因煙霧過量和創紀錄的高溫影響而喪生。有環境學家估計，光是俄羅斯的森林大火就造成至少3,000億美元的損失[124]。

2010年夏天，北極海冰面積縮小到史上第3低紀錄，而面積萎縮最嚴重的3次就發生在過去4年內。

2010年8月，全球糧食價格上漲了5%；在莫三比克，因麵包漲價所引起的糧食暴動導致10人死亡、300人受傷。

湄公河三角洲是越南的米倉區，在2010年其上游流域遭到海水倒灌的區域高達前所未有的60公里，其威脅了10萬公頃的稻米生長。2011年7月底，泰國南部地區因持續暴雨而引發水災，某些地區降雨量達120公釐，是50年來最大之水患，受災土地面積達16萬公頃，糙米產量減少超過350萬噸，且造成至少366人死亡。

知識連結

一世紀來全球的平均溫度逐年上升，與前工業時期（1850年～1919年）相較，氣溫已升高約0.74℃；若分析歐洲地區觀察資料，則發現其平均氣溫較前工業時期更是升高1.4℃。由歐洲經濟協會（European Economic Association, EEA）觀測資料顯示，全球暖化現象若持續惡化，對環境的衝擊不容小覷，極地冰原融化、海平面上升及全球氣候變遷加劇等現象皆可預見，全球皆應致力於降低溫室氣體排放量之任務。

20世紀80年代以來，極端天氣氣候事件頻繁發生；據估計，1991～2000年的10年裡，全球每年受到氣候災害的平均人數為2.11億，是因戰爭衝突而受到影響人數的7倍。亞洲是遭受自然災害襲擊最頻繁的區域，在

1990～2000年間，該地區占全球所有自然災害的43%。根據最近的統計，全球氣候變遷及相關的極端氣候事件所造成的經濟損失，比過去40年的平均值上升了10倍。世界保險業界的統計數字也表明，近幾十年來，與天氣有關的損失顯著增加，而且單個氣候事件所導致的損失也與日俱增。因而在2003年歐洲熱浪死亡近5萬人與2005年卡崔娜颶風摧毀紐奧爾良市後，世界各主要先進國家乃將「因應氣候變遷衝擊之策略」，列為各國未來百年之安全防衛課題。

在2001年IPCC第二工作小組第3次評估報告中，明確指出一個國家或地區因應氣候變遷時，須「面對」所延伸出的「敏感性、脆弱性和適應性」3個相關問題。其中敏感性是指受到與氣候有關的平均氣候狀況、氣

台灣南部地區發生乾旱的頻率有明顯增加的趨勢，而乾旱之平均時間也有拉長的現象，農業單位應加強農業氣象監測及預警措施。

候變率和極端事件的頻率與強度之影響程度；脆弱性是指氣候變率和極端氣候事件造成不利影響的程度；適應性包括了社會經濟的基礎條件、適應能力、調節機制、恢復能力、人的身心靈調適等等[144]。

活學活用

　　盡量選擇當季、當地的食材食用，以減少因長程運送而產生的排碳量；隨時攜帶環保筷，多用可重複使用的餐具，既衛生又減碳；自備水杯或水壺，方便又解渴。

6-1　政府機關的應對

基本理論

　　氣候變遷與極端天氣頻率增多已是明顯的事實，各國政府都必須嚴肅以對及確定因應措施。我國政府機關相應的方法可有：1.行政院成立「節能減碳推動會」，以綜整各機關相關節能減碳計畫，訂定國家節能減碳總目標，藉由政策全面引導低碳經濟發展，並形塑節能減碳社會。2.強化氣候變遷的應對，其包含加強氣候變遷基礎研究和監測能力、積極開展節能減碳工作、調整應對氣候變遷的制度和措施、增強對氣候變化的適應能力、落實氣候變遷公眾教育和宣傳。3.提昇極端天氣氣候事件及其災害的應對階層，其包含健全極端事件的綜合監測能力、提高極端事件及其災害的預警和服務能力、完善突發事件應急管理機制與推動氣象災害應急協調聯合工作、加強重大工程的氣象災害防災能力、落實社會防災與避災能力。4.加強氣候變遷與極端天氣對農業、森林和其它自然生態系統、水資源、人類健康的影響研究、監測和預警措施，並訂定對策。5.強化海洋環境的監測和預警能力，未雨綢繆海平面升高的適應性對策。6.徵收氣候變

遷稅（climate change levy）以提昇能源密集產業及能源使用效率，應用氣候變遷稅成立碳信託基金並支助減碳措施和低碳科技研發。7.研擬二氧化碳減排管理的氣候變遷法案（Climate Change Bill）或「碳預算」（carbon budget）計畫，以達2015年及2025年之「節能與減碳目標」；每5年設定一個減量目標，並隨時間而調整目標。8.推動排放交易，激勵潔淨技術創新。9.推動「氣候友善」（climate friendly）能源政策，建立安全、多元與豐富的能源供給系統，發展再生能源及提高能源使用效率標準。10.加強國民教育與宣導，提高國民認知[61、67、68、72、143、146]。

實例解說

我國分別於1998年與2005年召開「全國能源會議」，以訂定我國溫室氣體減量推動策略。會議建議至2020年時，溫室氣體減量目標回歸至2000年排放水準（即221百萬公噸二氧化碳）；至2025年時，溫室氣體減量目標為總排放量限制於361百萬公噸二氧化碳（約須減排1.7億公噸）。

1998年的「全國能源會議」是以「因應政策與措施為主軸」，屬於「Top-down」規劃模式；而2005年的「全國能源會議」是以「部門減量措施為規劃主軸」，屬於「Button-up」規劃模式[61]。

知識連結

行政院於2010年5月公布的「國家節能減碳總目標」中，明定我國「節能目標」是未來8年每年提高能源效率2%以上，使能源密集度於2015年較2005年下降20%以上；並藉由技術突破及配套措施，2025年下降50%以上。「減碳目標」是全國排碳量，於2020年回到2005年排放量，於2025量回到2000年排放量[51、80]。其中環保署、財政部與經濟部負責「健全法規體制」，以建構產業與民眾節能減碳能力；創造低碳能源經濟誘因及綠

色成長契機；經濟部負責「低碳能源系統改造」，以促使能源消費合理成長，減少自然資源消耗與環境衝擊，帶動低碳能源產業發展；環保署負責「打造低碳社區與社會」，以「低碳社區」為基礎，建立「低碳城市」，並帶動「低碳文化」，營造民眾「低碳生活」，創造「低碳經濟」，達成「低碳社會」願景；另經濟部也負責「營造低碳產業結構」，以促使產業逐步邁向「低碳化」，提昇單位碳排放的附加價值，降低單位產值碳排放密集度，強化綠色能源產業發展；交通部負責「建構綠色運輸網絡」，以降低運輸部門碳排放，建構便捷與智慧型運輸系統，推廣低碳燃料使用，舒緩汽機車使用與成長；內政部與農委會負責「營建綠色新景觀與普及綠建築」，以加速推動新舊建築朝綠建築方向發展，營造節能減碳居住環境；加強森林等自然資源碳匯功能；國科會負責「擴張節能減碳科技能量」，運用科技促進節能減碳目標的達成，藉由新能源科技、再生能源

我國自1995年7月起開徵「空氣汙染防制費」，空氣品質不良的空氣汙染指標大於100的日數比率，已由1994年的7%，降為2010年的1.44%，顯示推動空氣汙染改善工作已獲致明顯成效。

與低碳能源科技，積蓄我國在國際上經濟之競爭力；公共工程委員會負責「節能減碳公共工程」，以引領節能減碳風潮，建構公共工程節能減碳規範；教育部負責「節能減碳公共工程」，以強化學校節能減碳教育機能，促進全民節能減碳認知，以建立綠色消費文化，架構綠色能源選擇機制[51]。

活學活用

全球暖化是每個人造成的，只要我們能改變生活方式，包括我們買的東西、用的電力以及開的車，我們就能把排碳量降到最低。解決方法掌握在我們手中，我們只要下定決心就能成功[59]。

6-2 民間機構的應對

基本理論

由於人為因素，全球平均氣溫僅在過去一個世紀就上升了攝氏0.7度，上升速度比歷史標準快上10倍。而過去10年來的年平均氣溫，也創下地球有史以來的最高溫紀錄。情況若沒有改變，地球大部分地區在本世紀末恐將達到攝氏50度的極端高溫。生物多樣性的消失率也是非常驚人，比因自然因素滅絕的速度要快上1,000到10,000倍。目前物種滅絕的速度遠遠超過任何化石紀錄，由於各國的自私自利無法達成保護動植物生命的目標，生態系統已朝向永久性的損害；目前每天高達270種獨特的物種在消失。有些專家預測，由於氣候變遷以及其它大部分的人為因素，地球之生物將經歷「第6次大滅絕」；當全球平均氣溫上升超過攝氏3.5度，全球各地高達70%的物種可能會滅絕；依據華盛頓大學的研究人員在2009年《科學》雜誌上發表的資料知，在本世紀內，世界一半人口將面臨嚴重的糧食短缺。

為了避免上述事件再發生及氣候變遷的惡化，民間機構及一般百姓應

對的態度及方法可有：1.改用或使用高效率照明、燈具與電器用品。2.採用高隔熱效率之建築材料。3.使用替代能源之材料，如太陽能光電版。4.商業建築整合科技設計，以達節能減碳之目的。5.全力支持及落實資源回收、再生資源之應用和降低廢棄物量。6.全面使用更有效率之設備，以期達到節能之理想。7.全面使用大眾運輸及無排放運輸。8.採購有綠色標章之器具與設備。9.全面改變生活型態、居住文化與行為，購買綠建築。10.落實「節能減碳」教育於平常之生活，教育「節能減碳」觀念從小孩子扎根做起。11.支持國家「節能減碳」政策於平時生活。

實例解說

　　一隻猴子跳進煮沸的水，一定會馬上跳出來，因為牠知道很危險；如果同一隻猴子，跳進微溫的水中，然後水慢慢被煮沸，牠就會坐著動也不動，就算水溫不斷升高也一樣，牠會一直坐在水中直到牠被救出來。把猴子救出來很重要，不過重點是，人類的集體意識和那隻猴子很像，有時候要受到極大的刺激才會知道危險。地球的改變看似緩慢但其實很快，我們可以坐以待斃、什麼都不做、沒有任何反應，假裝地球什麼事都沒發生。現在是大家凝聚力量的時候了，大家要以節制、智慧與分享作基礎。目前最重要的不是我們沒了什麼，而是我們還剩下什麼？我們現在還擁有世界一半的森林、幾千條河流、湖泊及冰河，還有幾千個生生不息的物種。我們都知道如何解決目前的困境，而且我們目前尚有改變的力量，只看我們是如何面對？如何一起努力延續人類的生活與未來[59、152]？

知識連結

　　在一個短暫的地質時段中，於一個以上地理區域或範圍內，因突然發生之事件使之波及全球，而使大量的生物類群在短時間內，造成突然集

群滅絕的現象，謂之「生物大滅絕」。所謂「生物大滅絕」須滿足4個條件：達到具有實質意義的滅絕量度、具有全球區域的廣度、涉及大量的不同單元的幅度、限於相對短暫的地質時段。

　　所謂地球上「5次生物大滅絕」是指：1.距今約4.4億年前之奧陶紀大滅絕（是地質時代中的一個紀，始迄於同位素年齡488.3±1.7至443.7±1.5百萬年；其原是英國威爾斯一古代民族名，後被地質學家用來作地質年代名，中文名稱源自舊時日本人使用日語漢字音讀的音譯名。）約85%的物種滅亡。2.距今約3.65億年前之泥盆紀大滅絕（地質年代名稱，距今4至3.6億年前，是晚古生代的第一個紀，從距今4億年前開始，延續了4000萬年之久。）海洋生物遭受滅頂之災。3.距今約2.5億年前之二疊紀大滅絕（是古生代的最後一個紀，開始於距今約2.95至2.5億年，共經歷了4500萬年。）估計地球上有96%的物種滅絕，其中90%的海洋生物和70%的陸地脊椎動物滅絕。4.距今約2億年前之三疊紀大滅絕（是2.5億至2億年前的一個地質時代。）地球上70%的陸生脊椎動物與96%的海中生物消失，這次滅絕事件也造成昆蟲的唯一一次大量滅絕，計有57%的科與83%的屬消失。5.距今約1.37億年前之白堊紀大滅絕（距今約144至65百萬年間，是中生代的最後世紀。）造成侏羅紀以來長期統治地球的恐龍滅絕。至於大滅絕的原因眾說紛紜，大致為氣候變遷、沙漠範圍擴大、長時間的火山爆發、小行星或彗星引起的撞擊事件、超級火山爆發、海洋缺氧、或是海平面驟變，引起甲烷水合物的大量釋放等等。

　　如前所述，最近5億年以來，大規模的生物大滅絕曾出現過5次；而其中發生在古、中生代之交的，即二疊紀末的生物大滅絕規模最大，對生物發展的影響也最為深刻。據現有統計顯示，地球上90%以上的海洋生物物種和75%左右的陸地生物物種，在這一時期全部都滅絕了；這是一次超級大滅絕，生態系統徹底得到更新，其它各次的滅絕都遠不及這次大滅絕。

經由豐富的地殼資料，可再現二疊紀末的生物大滅絕慘況。由現有的海洋生物的遺跡研判，到了二疊紀末，四射珊瑚、蜓、鈣質海綿、腕足類、三葉蟲等門類相繼消亡或大量消減，生物礁生態系統全面崩潰，碳埋藏幾乎全面停止。在陸生生物中，石炭紀-二疊紀植物群以蕨類為主，在濱海沼澤地帶形成森林，但至二疊紀末快速消亡，被矮小的裸子植物代替。在二疊紀最有代表性的陸生動物就是四足類的脊椎動物，但至二疊紀末，63%的四足類的科迅速滅絕。

活學活用

「節能減碳」可從日常生活做起，如減少開冰箱的次數，省電又環保；多爬樓梯少搭乘電梯，健康又節能；養成隨手關燈好習慣，省電又節能；口渴時只喝白開水，養身又環保；淋浴代替泡澡，省錢又節能；離開辦公室或上床前將電腦或插頭拔掉，安全又節能；先關緊水龍頭再洗臉刷牙，省錢又節能；能騎自行車就不騎機車，能走路就不騎自行車，運動又環保；多吃蔬菜少吃肉，健康又環保；冷氣設定為攝氏26～28度，省錢又節能。

大家多親手種樹，以行動愛地球；因為一粒小種子就可以長成一棵大樹，一粒小種子就可以救地球。

參考文獻

一、中文

1. 大紀元（2008），台灣海平面上升速率　全球1.4倍。鄭靜報導，2008/8/27。摘自：http://news.epochtimes.com.tw/8/8/27/92569.htm

2. 王根樹（1999），台灣環境變遷與全球氣候變遷衝擊之評析-公共衛生。摘自：http://www.gcc.ntu.edu.tw/globalchange/8812/%E5%A3%B9-7.htm

3. 天下雜誌（2010），【行動綠生活‧台灣不碳氣】看河：消失的生命之河。摘自：http://issue.cw.com.tw/issue/2010river/video.jsp

4. 互動百科（2011），強降雨。摘自：http://www.hudong.com/wiki/%E5%BC%BA%E9%99%8D%E9%9B%A8

5. 互動百科（2011），高溫熱浪。摘自：http://www.hudong.com/wiki/%E9%AB%98%E6%B8%A9%E7%83%AD%E6%B5%AA

6. 互動百科（2011），寒潮。摘自：http://www.hudong.com/wiki/%E5%AF%92%E6%BD%AE

7. 互動百科（2011），冰雹。摘自：http://www.hudong.com/wiki/%E5%86%B0%E9%9B%B9

8. 互動百科（2011），雪災。摘自：http://www.hudong.com/wiki/%E9%9B%AA%E7%81%BE

9. 互動百科（2011），沙塵暴。摘自：http://www.hudong.com/wiki/%E6%B2%99%E5%B0%98%E6%9A%B4

10. 互動百科（2011），海平面上升。摘自：http://www.hudong.com/wiki/%E6%B5%B7%E5%B9%B3%E9%9D%A2%E4%B8%8A%E5%8D%87

11. 中央日報網路報（2011），全球氣候變遷災難　醫療損失可觀。沈子涵報導，2011/11/14。摘自：http://www.cdnews.com.tw/cdnews_site/docDetail.

jsp?coluid=115&docid=101722633

12. 中國時報（2009），八八水災重創南台　南部三天雨量　等於平地下全年、山區下半年。陳至中報導，2009/8/9。

13. 中國時報（2009），節能減碳　態度決定高度。曾志超撰寫，2009/7/1。

14. 中國時報（2010），社論──面對±2℃　快進行大規模綠色革命。2010/2/25。

15. 中國時報（2011），南瑪都登陸　今明暴風雨罩全台。吳偉銘報導，2011/8/29。

16. 中國時報（2011），愈來愈熱　極端炎夏將成常態。陳文和報導，2011/6/12。

17. 中國時報（2011），浙江水淹88村　江西災損26億人民幣。連雋偉報導，2011/6/17。

18. 中國時報（2011），大陸暴雨數十人死亡。轉載新華社，2011/6/17。

19. 中國時報（2011），暴雨成災　推土機救人。轉載路透社，2011/6/17。

20. 中國時報（2011），鐵馬行舟。轉載路透社，2011/6/22。

21. 中國時報（2011），美加熱浪飆破37度　22人熱死。鍾玉玨報導，2011/7/23。

22. 中國時報（2011），北極一天融掉3個台灣。陳迪鴻、林慧娟報導，2011/7/23。

23. 中國時報（2011），東北非飢荒　1200萬人與死神拔河。張嘉浩報導，2011/7/29。

24. 中國時報（2011），乾旱鄱陽湖變草原。轉載新華社，2011/6/2。

25. 中國時報（2011），零碳教室太陽能供電無汙染。林佩怡報導，2011/6/3。

26. 中國網（2009），乾旱定義及分類。摘自：http://big5.china.com.cn/news/weather/2009-02/04/content_17221480.htm

27. 中廣新聞網（2009），暖化加劇海平面若升1公尺，台灣1成土地恐淹沒。雅虎奇摩科技新聞，2009/9/1。

28. 中廣新聞網（2009），氣候變遷會增腎結石瘧疾等多種疾病罹患率。中國時報新聞，夏明珠報導，2009/11/22。

29. 台南市政府環境保護局節能減碳網（2011），台灣不願面對的真相。摘自：http://test.clweb.com.tw/tncep_co2/02.asp

30. 台灣的地景保育網（2007），福衛三號，可預測臭氧層破洞。摘自：http://tgru.geog.ntu.edu.tw/landscape/pages/a07/at03.jsp?index=20080424105020

31. 全球之聲（2008），氣候變遷：加速疾病蔓延？2008/10/30。摘自：http://zh.globalvoicesonline.org/hant/2008/10/30/1466/

32. 百度百科（2011），全球氣候變化。摘自：http://baike.baidu.com/view/2097170.htm

33. 百度百科（2011），歷史氣候。摘自：http://baike.baidu.com/view/150215.htm

34. 百度百科（2011），寒潮。摘自：http://baike.baidu.com/view/38779.htm

35. 百度百科（2011），雪災。摘自：http://baike.baidu.com/view/725033.htm

36. 行政院文化建設委員會（2011），氣象乾旱。台灣大百科全書，台灣知識的骨幹。摘自：http://taiwanpedia.culture.tw/web/content?ID=3329

37. 行政院文化建設委員會（2011），寒潮。台灣大百科全書，台灣知識的骨幹。摘自：http://taiwanpedia.culture.tw/web/content?ID=3306

38. 行政院外交部（2011），我推動參與UNFCCC。摘自：http://www.mofa.gov.tw/webapp/np.asp?ctNode=2020&mp=1

39. 行政院經濟建設委員會（2010），規劃推動氣候變遷調適政策綱領及行動計畫。摘自：http://apf.cier.edu.tw/main.asp?ID=8&Tree=1&OPENID=4

40. 行政院衛生署疾病管制局（2011），伊波拉病毒。疾病管制局全球資訊網，摘自：http://www.cdc.gov.tw/sp.asp?xdurl=disease/disease_content.asp&id=1656&mp=1&ctnode=1498

41. 行政院衛生署疾病管制局（2011），萊姆病。疾病管制局全球資訊網，摘自：http://www.cdc.gov.tw/sp.asp?xdurl=disease/disease_content.asp&id=1674&mp=1&ctnode=1498

42. 行政院衛生署疾病管制局（2011），恙蟲病。疾病管制局全球資訊網，摘自：http://www.cdc.gov.tw/sp.asp?xdurl=disease/disease_content.asp&id=1663&mp=1&ctnode=1498

43. 行政院衛生署疾病管制局（2011），黃熱病。疾病管制局全球資訊網，摘自：http://www.cdc.gov.tw/sp.asp?xdurl=disease/disease_content.asp&id=1657&mp=1&ctnode=1498

44. 行政院環境保護署（2011），綠色生活資訊網。摘自：http://greenliving.epa.gov.tw/GreenLife/

45. 行政院環境保護署（2011），人類健康。摘自：http://climate.cier.edu.tw/main.asp?ID=17&Tree=1&OPENID=6

46. 行政院環境保護署（2011），沙塵暴。摘自：http://dust.epa.gov.tw/dust/zh-tw/b0301.aspx

47. 行政院環境保護署（2011），中國大陸沙塵監測網。摘自：http://dust.epa.gov.tw/dust/zh-tw/b0301.aspx

48. 行政院環境保護署（2011），台灣氣候變遷調適資訊平台——海平面上升。摘自：http://climate.cier.edu.tw/main.asp?ID=10&Tree=1&OPENID=6

49. 行政院環境保護署（2011），台灣氣候變遷調適資訊平台——極端天氣。摘自：http://climate.cier.edu.tw/main.asp?ID=11&Tree=1&OPENID=6

50. 行政院環境保護署（2011），節能減碳 省電小撇步。摘自：http://ecolife.epa.gov.tw/Cooler/project/LowElectric/default.aspx

51. 行政院（2010），國家節能減碳總計畫（核定本）。摘自：http://www.ey.gov.tw/public/Attachment/122318185071.pdf

52. 交通部中央氣象局（2011），氣象常識。摘自：http://www.cwb.gov.tw/V7/knowledge/encyclopedia/me000.htm

53. 交通部中央氣象局（2011），雨量定義。摘自：http://www.cwb.gov.tw/V7/observe/rainfall/define.htm

54. 交通部中央氣象局（2011），天氣現象／12.颱風？摘自：http://www.cwb.gov.tw/V7/knowledge/encyclopedia/me028.htm

55. 交通部中央氣象局（2011），地球氣候系統。摘自：http://www.cwb.gov.tw/V7/climate/climate_info/backgrounds/backgrounds_1.html

56. 交通部中央氣象局（2011），常見問答／氣象Q&A。摘自：http://www.cwb.gov.tw/V7/knowledge/faq/weatherfaq.htm

57. 交通部中央氣象局（2000），台灣颱風分析與預報輔助系統。摘自：http://61.56.13.21/tyweb/mainpage.htm

58. 交通部中央氣象局（2011），氣候變遷。摘自：http://www.cwb.gov.tw/V7/knowledge/themedis.htm

59. 艾爾・高爾（2007），不願面對的真相。張瓊懿、欒欣譯，商周出版，城邦文化事業股份有限公司，共325頁，台北。

60. 汪中和（2011），談「聖嬰現象」。摘自：http://volcano.gl.ntu.edu.tw/topic/elnino.htm

61. 李堅明（2008），國際溫室氣體減量政策發展，台北市政府產業發展局。

62. 李青記、柯文謙（1986），指定傳染病介紹——裂谷熱。感染控制雜誌，第16卷，第3期。摘自：http://www.nics.org.tw/old_nics/magazine/16/03/16-3-6.htm

63. 佛教慈濟基金會（2011），減少碳足跡，你也做得到。摘自：http://www2.tzuchi.org.tw/case/2007virtue-earth/html/03/index.htm

64. 吳明進（1997），談大氣——海洋的深呼吸，聖嬰／南方振盪現象。地球科學園地，第4期，地科文教基金會。摘自：http://earth.gl.ntu.edu.tw/magazine/971204.htm

65. 吳俊傑、金棣（2007），颱風（Divine Wind）。原著作者：伊曼紐，ISBN 978-9-8641-7959-6，天下文化，共357頁，台北。

66. 林文華（1997），迎接聖嬰。地球科學小品，台灣日報，1997/11/25。

67. 林奇璋、餘騰耀（2007），我國推行CO_2排放交易之要件、利基與問題。碳經濟，11月號，台灣經濟研究院。

68. 林奇璋、林坤讓（2011），我國產業未來參與碳排放交易之方向。摘自：http://www.tmmfa.org.tw/Doc/%E7%B6%A0%E5%9F%BA%E6%9C%83%E6%9E%97%E5%A5%87%E7%92%8B%E6%88%91%E5%9C%8B%E7%94%A2%E6%A5%AD%E6%9C%AA%E4%BE%86%E5%8F%83%E8%88%87%E7%A2%B3%E6%8E%92%E6%94%BE%E4%BA%A4%E6%98%93%E4%B9%8B%E6%96%B9%E5%90%91V1.doc

69. 姜世中（2010），氣象學與氣候學。ISBN 978-7-03-029417-3，科學出版社，共299頁，北京。

70. 室內空氣品質資訊網（2011），常見的空氣室內汙染物。摘自：http://aqp.epa.gov.tw/iaq/page1-2.htm

71. 飛資得醫學資訊（2009），醫e刊第三期：全球醫師呼籲：請重視氣候變遷與人類健康的密切關係。摘自：http://www.facebook.com/note.php?note_id=283398125544

72. 馬公勉、李堅明（2007），燃料酒精CDM計畫與國家永續發展策略之研究。國立台北大學自然資源與環境管理研究所碩士論文。

73. 財團法人氣象應用推廣基金會（2011），沙塵暴。摘自：http://www.metapp.org.tw/index.php?option=com_content&view=article&id=160:2009-01-23-06-02-34&catid=42:weather-system&Itemid=30

74. 秦大河、丁一匯等（2009），21世紀的氣候。ISBN 978-7-5029-4133-8，氣象出版社，共260頁，北京。

75. 臭氧層保護在台灣（2011），臭氧洞。摘自：http://www.saveoursky.org.tw/2_science/ozonehole.asp

76. 陳文茜（2010），±2℃——台灣必須面對的真相。摘自：http://www.bcc.com.tw/bcc_event/2c/0224/08.html

77. 陳文茜（2010），〈我的陳文茜〉：屏東人的命運。蘋果日報，2010/3/13。

78. 國立自然科學博物館（2011），海平面上升。摘自：http://edresource.nmns.edu.tw/ShowObject.aspx?id=0b81aa7caa0b81d9f9f80b81aa8ced0b81a2df810b81a2e1bd

79. 許晃雄（1998），聖嬰現象。摘自：http://science.wfsh.tp.edu.tw/record/re871127.htm

80. 張森（2010），台灣二氧化碳排放量的危機。台灣經濟論衡，Vol.8，No.7，第58-64頁。

81. 張瑞剛（1985），高程系統。測量工程，第27卷，第4期，第35-47頁。

82. 張瑞剛（1987），人造衛星測高法──過去、現在與未來。測量工程，第29卷，第3期，第37-48頁。

83. 張瑞剛（1988），利用GEOS-3及SEASAT等高測量資料以決定台灣四周海域之重力異常值。第7屆測量學術及應用研討會論文集，第G143-G163頁，成功大學，台南。

84. 張瑞剛（1990），台灣地區之大地水準面。測量工程，第32卷，第1期，第13-30頁。

85. 張瑞剛（1990），精密定位特論。中正理工學院兵器系統叢書，第19冊，共272頁，桃園。

86. 張瑞剛（1991），空間定位資訊系統。中正理工學院兵器系統叢書，第10冊，共163頁，桃園。

87. 張瑞剛、趙錫民、張嘉強、黃金聰、涂翠賡、陳松安、張奇、王明志、黃大山（1991），高精度絕對重力值測定之研究，中山科學研究院委託研究計畫，AGM-001，共91頁。

88. 張瑞剛、夏榮生、潘志偉、管麗琴（1993），高精度絕對重力值複測之研究。經濟部中央標準局委託（工業技術研究院量測技術發展中心受託）研究計畫，NML-002-Q302（82），共139頁。

89. 張瑞剛、管麗琴、周皓雲（1998），亞太地區及台灣本島絕對重力複測。第17屆測量學術及應用研討會論文集，第147-155頁，成功大學，9月6-9日，台南。

90. 張瑞剛（1999），台灣地區絕對重力點檢測及一等重力點建置工作。內政部委託研究計畫，共118頁。

91. 郭博堯（2001），背景分析──京都議定書的爭議與妥協。國改研究報告，永續（研）090-024號，財團法人國家政策研究基金會。

92. 曹榮湘（2010），全球大暖化：氣候經濟、政治與倫理。ISBN 978-7-5097-1362-4，社會科學文獻出版社，北京。

93. 曾于恆（2008），Trends of Sea Level Rise in the Regional Sea Around Taiwan。2008年台灣氣候變遷研討會，交通部中央氣象局，8月25-26日，台北。

94. 曾國禎（2009），台灣環島及東亞地區海平面上升之研究。國立台灣海洋大學海洋環境資訊學系，碩士論文，126頁。

95. 揚子晚報（2010），聯合國專家稱異常熱浪將持續到2070年。摘自：http://dailynews.sina.com/bg/news/int/sinacn/20100729/14251695002.html

96. 黃剑俊（2010），冰雹。摘自：http://web2.nmns.edu.tw/PubLib/NewsLetter/87/129/12.html

97. 董東璟、曾國禎、楊益昇（2008），高雄與基隆長期海水位變動分析。第30屆海洋工程研討會論文集，第625-630頁，國立交通大學，新竹市。

98. 董更生（1999），聖嬰與文明興衰。ISBN 9789570820010，聯經出版事業股份有限公司，台北。

99. 經濟日報（2007），碳權交易，新興國家搶商機。摘自：http://city.udn.com/52471/2197691?tpno=0&cate_no=0#ixzz1TGdeVVTU

100. 經濟部（2011），節能減碳新生活運動。摘自：http://www.save4money.org.tw/Save_paper_1.html

101. 路透社（2010），氣候變遷使熱帶疾病向北蔓延。摘自：http://www.reuters.com/article/2010/06/10/us-eu-climate-disease-idUSTRE65928120100610

102. 新華網（2007），歐盟委員會通過汽車尾氣排放新強制性標準。摘自：http://news.xinhuanet.com/world/2007-12/20/content_7285744.htm

103. 新華網（2011），聯合國稱氣候變化威脅世界安全。摘自：http://big5.xinhuanet.com/gate/big5/news.xinhuanet.com/world/2011-07/22/c_121704167.htm

104. 維基百科（2011），哥本哈根協議。摘自：http://zh.wikipedia.org/wiki/%E5%93%A5%E6%9C%AC%E5%93%88%E6%A0%B9%E5%8D%8F%E8%AE%AE

105. 維基百科（2011），氣候變化。摘自：http://zh.wikipedia.org/wiki/%E6%B0%A3%E5%80%99%E8%AE%8A%E5%8C%96

106. 維基百科（2011），碳交易。摘自：http://zh.wikipedia.org/wiki/%E7%A2%B3%E4%BA%A4%E6%98%93

107. 維基百科（2011），熱島現象。摘自：http://zh.wikipedia.org/wiki/%E7%86%B1%E5%B3%B6%E7%8F%BE%E8%B1%A1

108. 維基百科（2011），巴厘路線圖。摘自：http://zh.wikipedia.org/wiki/%E5%B7%B4%E5%8E%98%E8%B7%AF%E7%BA%BF%E5%9B%BE

109. 維基百科（2011），龍捲風。摘自：http://zh.wikipedia.org/wiki/%E9%BE%99

%E5%8D%B7%E9%A3%8E

110. 維基百科（2011），沙塵暴。摘自：http://zh.wikipedia.org/wiki/%E6%B2%99%E5%B0%98%E6%9A%B4

111. 維基百科（2011），海平面上升。摘自：http://zh.wikipedia.org/wiki/%E6%B5%B7%E5%B9%B3%E9%9D%A2%E4%B8%8A%E5%8D%87

112. 劉正凡、劉文俊、張瑞剛、管麗琴、戴益寶、蔡文富（1997），基隆平均海水面及水準零點再確定之研究。第16屆測量學術及應用研討會，第291-304頁，中正理工學院，9月4-5日，桃園。

113. 劉振榮（1997），氣候異常的徵兆：聖嬰現象淺談。靜宜大學新聞深度分析簡訊，第36期，靜宜大學。摘自：http://www.pu.edu.tw/gec/new36.htm

114. 劉紹臣（2008），東亞地區降雨強度的變化。2008年台灣氣候變遷研討會，交通部中央氣象局，8月25-26日，台北。

115. 翟盤茂、李茂松、高學傑（2009），氣候變化與災害。ISBN 978-7-5029-4710-1，共178頁，氣象出版社，北京。

116. 綠色和平（2011），海平面上升。摘自：http://www.greenpeace.org/hk/campaigns/climate-energy/problems/sea-level-rise/

117. 廣州日報（2009），中國劃哥本哈根談判底線：堅持巴厘路線圖。方利平、吳倩、李穎報導，2009/12/9。摘自：http://mypaper.pchome.com.tw/souj/post/1320424694

118. 德國之聲（2008），全球溫室效應的研究。文采實業有限公司，台北。

119. 聯合資訊中心（2011），玉山冰雹如綠豆　對流旺盛都會有災害。摘錄自2011年8月16日中廣新聞速報。摘自：http://e-info.org.tw/node/69440

120. 聯合報（2007），沙塵暴影響空氣　心臟病發生率提高。藍青報導，2007/4/18。

121. 聯合報（2010），板橋低溫5.6度　全台最冷。鄭筑羚報導，2010/12/29。

122. 聯合報（2011），史上最強沙塵暴　指數破表。李承宇報導，2011/3/22。

123. 聯合報（2011），冷暖交會間　龍捲風乍現。蔡永彬報導，2011/7/4。

124. 聯合報（2011），全球氣候解析／極端天氣　噴射氣流搞鬼？李承宇報導，2011/9/13。

125. 聯合晚報（2010），±2℃錯誤　陳文茜：數據來自研究單位。陳志平報導，2010/3/2。

126. 聯合晚報（2010），±2℃數據爭議　劉紹臣：中研院不背書。劉開元、林進修報導，2010/3/3。

127. 蕭富元（2007），台灣能源的三大罩門。天下雜誌，第369期，第120-123頁，2007/4/11。
128. 蕭富元（2007），全球暖化　台灣發燒。天下雜誌，第369期，第106-117頁，2007/4/11。
129. 環境資訊中心（2008），氣候變遷　自然災害元兇。摘譯自2008年12月2日ENS馬來西亞，吉隆坡報導。摘自：http://e-info.org.tw/node/39500
130. 蘇慧貞、林乾坤、陳培詩（2008），氣候變遷對公共衛生的衝擊。科學發展，第421期，第12-17頁。
131. 蘋果日報（2011），久旱暴雨湘貴鬧洪災。大陸中心／綜合外電報導，2011/6/7。
132. 蘋果日報（2011），旱澇急轉　暴雨淹華中44死。大陸中心／綜合外電報導，2011/6/11。

二、英文

133. Beniston, M. and Innes, J.（eds.）（1998），The Impacts of Climate Variability on Forests. Springer-Verlag, Heidelberg／New York, 329pp.
134. Beniston, M.（ed.）（2002），Climatic Change; Implications for the Hydrological Cycle and for Water Management.　"Advances in Global Change Research"，（Editor-in-Chief: M. Beniston, Fribourg, Switzerland）by Kluwer Academic Publishers, Dordrecht／The Netherlands and Boston／USA, 503pp.
135. Beniston, M.（2004），Climatic change and its impacts. An overview focusing on Switzerland. Kluwer Academic Publishers, Dordrecht／The Netherlands and Boston／USA, 296pp.
136. Beniston, M.（2009），Changements climatiques et impacts: du global au local. Presses Polytechniques et Universitaires Romandes（PPUR），Lausanne, Switzerland, 256pp.
137. Chang, R. G.（1987），An Analytical Solution for the Geoid. Journal of Chung Cheng Institute of Technology, Vol.16, No.2, pp.81-96.
138. Chang, R. G., Chang, C. C. and Lee, J. T.（1989），A Gravimetric Geoid in Taiwan Area. Presented at the 125th Anniversary General Meeting of IAG, Edinburgh, England, August 3-12.
139. Chang, R. G.（2000），Analysis of the Results of the Absolute Gravity Repetition Measurements in Pacific Asia and Taiwan Area. Presented at 2000

Western Pacific Geophysics Meeting Program, June 27-30, Tokyo, Japan.

140. Doong, D. J., Fröhle, P., Lee, B. C., Chuang, L. Z. H., Kao, C. C.（2009）, Sea Level Fluctuation at East Asia Coasts, The Nineteenth（2009） International Offshore and Polar Engineering Conference（ISOPE 2009）, Osaka, Japan, June 21-26.

141. Fink, A. H., T. Brucher, V. Ermert, A. Q. Kruger and J. G. Pinto（2009）, The European storm Kyrill in January 2007: synoptic evolution, meteorological impacts and some considerations with respect to climate change. Natural Hazards and Earth System Science, Volume 9, Issue 2, 2009, pp.405-423.

142. Google Map（2011）, Flood Maps. From: http://flood.firetree.net/?ll=22.8673,1 19.9377&z=10&m=5&t=1

143. IETA（2008）, Greenhouse Gas Market 2007.

144. IPCC WGI（2001）, Climate Change 2001: The Scientific Basis. eds. by Houghton, J. T. et al., Cambridge University Press, UK, 83pp.

145. IPCC WGI（2007）, Climate Change 2007: The Physical Science Basis, Summary for Policymakers. eds. by Richard, A. et al., 21pp.

146. IPCC WGI（2008）, Climate Change 2007: Impacts, Adaptation and Vulnerability—Working Group II contribution to the Fourth Assessment Report of the IPCC, Intergovernmental Panel on Climate Change. eds. by Martin, L. P. et al., Cambridge University Press, UK, 986pp.

147. Pidwirny, M.（2006）, Causes of Climate Change-Fundamentals of Physical Geography. From: http://www.physicalgeography.net/fundamentals/7y.html

148. Thompson, M., Garcia-Herrera, R. and Beniston, M.（eds.）（2008）, Seasonal Forecasts, Climatic Change and Human Health. Springer Publishers, Heidelberg, and New York, 232pp.

149. UNFCCC（2011）, UNFCCC／CDM HOME. From: http://cdm.unfccc.int/index. html

150. Vanicek, P., T. Arsenault, Chang, R. G., E. Derengy, A. Kleusberg, R. Yazdani, N. Christou, J. Mantha, S. Pagiatakis（1986）, Satellite Altimetry Applications for Marine Gravity. Research Contract No.OSC84-00472, Department of Surveying Engineering, University of New Brunswick, 123pp. Fredericton, N. B., Canada.

151. World Bank（2008）, State and Trends of the Carbon Market 2008.

152. Yann, A. B.（2009）, 盧貝松之搶救地球（Home）。中環集團版權、威視電影發行。

第2篇
永續發展

第7章　前言

基本理論

　　19世紀工業革命後，人類活動加速擴張，生活習慣和各種關係發生劇烈變化。由於生產便捷、快速，以致大量的生產、盡情的消費、無限制的製造廢棄物，造成環境汙染、資源銳減，進而危及人類世代的生存與發展。「國際自然及自然資源保護聯盟」、「聯合國環境規劃署」及「世界野生動物基金會」三個國際保育組織，於1980年出版《世界自然保育方案》，並在報告中提出了「永續發展」（sustainable development）一詞。為提醒各國及世人要注意環保與永續經營，「世界環境與發展委員會」（World Commission on Environment and Development, WCED）於1987年聯合國第42屆大會中，發表了《我們共同的未來》（Our Common Future: The World Commission on Environment and Development）報告，其中具體提出了「永續發展」的理念。當該報告提出時，該委員會之主席為當時之挪威首相布倫特蘭夫人（Dr. Gro Harlem Brundtland），《我們共同的未來》報告亦被稱為《布倫特蘭報告》（Brundtland Report）。

　　1992年6月3至14日，聯合國於巴西里約熱內盧召開「地球高峰會」（Earth Summit）（又稱「聯合國環境與發展會議」，The United Nations Conference on Environment and Development，簡稱UNCED），邀請104位元首出席，共有176個國家代表與會。其間通過了《里約環境與發展宣

言》（RIO Declaration on Environment and Development）、《21世紀議程》（Agenda 21）等重要文件，並簽署了UNFCCC及《生物多樣性公約》（Convention on Biological Diversity）。其中《21世紀議程》規劃出人類的願景，呼籲各國制訂永續發展政策，鼓勵國際合作，加強夥伴關係，共謀全人類的福祉。1993年1月聯合國設置了「永續發展委員會」（The United Nations Commission on Sustainable Development, UNCSD），協助及監督各國推動永續發展工作。

在「地球高峰會」之後，經由媒體大量報導及宣傳，「永續發展」一詞已逐漸成為眾人皆知之用語，也成為人類共同之願景。至於如何能達到永續發展的理想，至今仍無定論；但可預見的是，因聯合國大力的宣導和支持，再加上《里約環境與發展宣言》、《21世紀議程》及UNFCCC的實踐和落實，永續發展再也不只是口號而已。另由於世界性跨學術的研究團隊已陸續形成，有許多國家、地方政府或社區團體也成立相關的永續發展委員會，積極推動永續發展的理念與作法；並以實際行動方案與實施，漸朝向永續發展的理想目標邁進。

實例解說

行政院經濟部於2010年7月1日起推動「電費折扣獎勵節能措施」，希望能達到節能減碳之目標。所以2011年10月的家戶用電量就比去年同期約減少2.59百萬度[21]。

知識連結

1992年聯合國環境與發展會議於巴西里約熱內盧召開後，同年12月22日聯合國決議於經濟與社會理事會（ECOSOC）下成立「永續發展委員會」。該委員會是由53個委員國組成，係由經濟與社會理事會自聯合國會

員國及相關組織選出，作為國際永續發展事務高階論壇。委員會三大目標為：1.檢視國際、區域及各國聯合國環境與發展會議決議之進展，包括《21世紀議程》及《里約環境與發展宣言》；2.詳細規劃「約堡永續發展行動計畫」推動策略方針及可行措施；3.促進政府、國際社會、《21世紀議程》確認之主要團體間推動永續發展之對話及夥伴關係，主要團體包括

因氣候快速變遷將導致森林大量碳排放，森林碳匯功能將逐漸喪失，而加速地球暖化；並伴隨蟲害、火災和暴風等。

婦女、青少年、非政府組織、地方政府、勞工及商會、工商業、科學界及農民。目前共計2,350個非政府組織，以觀察員身分參與該委員會之活動[19]。

　　為順應此全球趨勢，行政院於1994年8月成立「行政院全球變遷政策指導小組」，下設因應全球環境問題及永續發展等6個工作分組。1997年8月23日行政院核定將「小組」提昇擴大為「行政院國家永續發展委員會」（簡稱永續會）。2002年5月，由行政院院長親自兼任主任委員，以示政府對永續發展的重視[18]。2002年11月，立法院三讀通過「環境基本法」，該法第29條「行政院應設置國家永續發展委員會，負責國家永續發展相關業務之決策，並交由相關部會執行，委員會由政府部門、學者專家及社會團體各三分之一組成」賦予永續會法定位階，永續會則由原任務編組提昇為法定委員會；並宣布2003年為我國之「台灣永續元年」。

活學活用

　　台灣位處亞熱帶，陽光充沛、日照時間長，大家應該大量採用太陽能；而太陽能的利用包括太陽光電與太陽能熱水系統兩方面。此舉既能節省開支，又能節能減碳，利己又利人，且能支持國家發展「永續發展」之目標。

7-1　永續發展

基本理論

　　其是80年代提出的一個新概念。1987年聯合國第42屆大會中，「世界環境與發展委員會」發表了《我們共同的未來》報告，提出了「永續發展」的理念，並將「永續發展」一詞定義為：「能滿足當代需求，同時不損及後代子孫滿足其本身需求的發展」（development which satisfies the current needs of society without compromising the needs of future generations）[19]。

「永續發展」起源於1980年代的「綠色運動」。在1960年代，已開發國家在非洲及南美洲傾力收購農地，並大量種植咖啡和甘蔗；並用所賺之金錢向外地購買糧食，再販售給當地居民。然而，由於土地開發過度，且缺乏有目標規劃，以致咖啡和糖的價格在短時間內大量跌價，頓使南美各國經濟崩潰和蕭條。加上濫墾以致水土流失、濫用農藥而使土地貧瘠，甚至沙漠化，造成非洲及南美洲嚴重飢荒[17、34]。

「永續發展」的出現，目的是要發現及糾正過去的錯誤，以避免其它國家重蹈覆轍；並鼓吹在經濟體系內的發展必須環環相扣，以達自給自足的目標。其主要是由3個元素所構成：永續環境、永續社會及永續經濟。其間關係如下圖：

「永續發展」應包含公平性（fairness）、永續性（sustainability）及共同性（commonality）3個原則。就社會層面而言，主張公平分配，以滿

足當代及後代全體人民的基本需求；就經濟層面而言，主張建立在保護地球自然系統基礎上的可持續經濟成長；就自然生態層面而言，主張人類與自然和諧相處[19]。

實例解說

行政院於2008年9月提出「節能減碳愛台灣」策略，同時積極推動再生能源，提高自主能源比例。至2011年9月29日，我國再生能源裝置容量累計達335.7萬瓩，相當於每年可發電79億度，約可減少490萬噸之排碳量。政府規劃至2025年時，再生能源發電裝置容量可達845萬瓩，占總發電裝置容量15.1%。其中太陽光電發電累計設置容量達4.55萬瓩，相當於每年可發電5,687萬度，約可減少3.53萬公噸排碳量；風力發電累計裝置容量為52.93萬瓩（共273座機組），年發電量約12.1億度電，約可供32.42萬戶家庭用電，減少77萬公噸的排碳量[12]。

知識連結

由於地球上人口和財富激增，地球自然資源無法滿足人類需求，人與自然關係，由和諧轉為矛盾。為了建立一個「永續發展」的社會，我們必須齊心協力禁止這種不顧子孫後代，任意糟蹋自然資源的行為。「永續發展」的社會有以下特徵[34]：

1. 要有公平正義，不能為了發展而損害其他人的利益。
2. 經濟與社會的發展，要符合地球生態平衡及資源可持續再利用的原則。
3. 改變不合理的資源消耗或消費模式。
4. 要齊心解決全球的貧窮問題，使窮人的生活質量有所提高。
5. 要共同抑制地球環境的惡化，並努力於根本的改善。

6. 在平等公正和尊重國家主權的前提下解決國際爭端，以對話代替對抗。

7. 應用科技進一步解決永續發展中的主要問題。

8. 建立節約資源和友善環境的社會。

活學活用

　　永續發展就是應用更清潔、更有效的技術，盡可能使用少廢料和低汙染的製程或技術系統，盡量減少能源和其它資源的消耗。

苗栗縣後龍鎮「彎瓦村半天寮好望角」利用太陽能板提供路燈照明，環保又節能減碳，也是該處觀光景點。

基本理論

　　簡稱《里約宣言》，其是一份於1992年6月，由「地球高峰會」所發表之含「27條原則」條文的簡短文件，又被稱為《地球憲章》（Earth Charter），是世界首次「環境與發展大會」宣言。其主要是重申了1972年6月16日在斯德哥爾摩通過的聯合國「人類環境會議」的宣言，並謀求以之為基礎。本宣言目標，是通過國家或社會重要部門和人民之間建立新水平的合作，以建立一種新的和公平的全球夥伴關係。另期待各國，為未來簽訂尊重各國利益、維護全球環境與發展體系完整的國際協定而努力；並確實認識到地球之大自然的完整性和互相依存性之重要。

　　此宣言主要是指導各國日後在進行「永續發展」時的基本原則，即：在保護地球環境的條件下，既滿足當代人的需求，又不損害後代人的需求發展模式[33]。在其第1條原則，即明示人類的角色：人類是永續發展問題中心；並在最後之第27條原則，確立合作的國家和人民關係：國家和人民應真誠地本著夥伴關係的精神進行合作，履行所體現的原則在本宣言和進一步發展國際法領域中的永續發展。

實例解說

　　行政院於2008年6月5日通過「永續能源政策綱領」，建構了高效率、高價值、低排放及低依賴之「能源消費型態與供應系統」，以期達到能源、環保與經濟三贏願景。行政院並於2008年9月4日核定了「永續能源政策綱領──節能減碳行動方案」，具體提出彙集能源、產業、運輸、環境、生活等五大構面之節能減碳具體措施，並輔以完善之法規基礎與相關

配套機制；行動方案是以4年為一執行期。該方案目標是期望每年提高能源效率達2%以上，使能源密集度於2015年較2005年下降20%以上；而全國排碳量，於2016年至2020年間回到2008年排放量，於2025年回到2000年排放量。

知識連結

1972年6月5至16日，聯合國於瑞典斯德哥爾摩召開「人類環境會議」（The United Nations Conference on the Human Environment），為世界各國政府共同探討當代環境問題與策略的第一次國際會議，共有113個國家之代表及超過400個環保團體參與。會中發表著名的《人類環境宣言》（Declaration on the Human Environment），呼籲各國政府和人民為維護及改善人類環境，造福全體人民及後代共同努力。本次會議之開幕日6月5日，爾後也成為「世界環境日」。

《人類環境宣言》共提出26項共同原則，可歸納為下述9個重點[2]：人人都有在良好的環境下，享受自由、平等和適當生活條件的基本權利，同時也有為當今和後代保護及改善環境的神聖職責。

1. 要支持各國人民進行反汙染的正當抗爭，要譴責種族隔離和歧視、殖民及其它形式的壓迫和外國統治的政策。要求全部銷毀核武器和其它一切大規模毀滅性武器，使人類及其環境免遭這些武器的危害。

2. 保護地球上的自然資源，包括空氣、水、土地和動植物，特別是自然生態系統的代表樣品以及瀕於滅絕的野生生物。有毒物質排入環境時，應以不超出環境自淨能力為限度。

3. 經濟和社會的發展是人類謀求良好的生活和工作環境、改善生活素質的必要條件；一切國家的環境政策，都應考量開發中國家現在和

未來的發展。

4. 各國在從事城市發展規劃設計時，要兼顧經濟發展和環境保護間之協調；要避免對環境產生不利影響，以謀求最大的社會經濟效益和環境效益。

5. 各國政府應採取適當的人口政策，以避免人口快速成長，破壞環境。

6. 所有國家，特別是開發中國家應宣導環境科學的研究和推廣，互相交流經驗和最新科學資料；鼓勵向開發中國家提供不造成經濟負擔的環境技術。

依據「98年全國能源會議」結論，未來運輸部門的排碳量，於2020年須回到2008年的水準，亦就是每年排碳量減少至3,790萬公噸。

7. 依照聯合國憲章和國際法原則，各國具有按其環境政策開發其資源的主權權利，同時也負有義務，不對其它國家和地區的環境造成損害。
8. 有關保護和改善環境的國際問題，不論國家大小，以平等地位本著合作精神，通過多邊和雙邊合作，對所產生的不良環境影響加以有效控制或消除，妥善顧及有關國家的主權和利益。

活學活用

由於動物排泄物及畜牧飼料作物用地，對水源所造成的汙染影響，比人們所有活動加總還要大；例如供應肉食餐所需的土地，是蔬食餐的10到20倍，全世界幾乎有一半的穀物和大豆產量，都是用於餵食牲畜；所以我們要多食用新鮮蔬果，少吃肉食[21]。

7-3 21世紀議程

基本理論

其是在1992年6月14日於里約熱內盧舉行的聯合國地球高峰會上，由178個政府投票通過之文件，是聯合國首次討論全球氣候暖化及其有關問題的《議程》，但其無法律約束力。文件包括有關婦女、兒童、貧困和其它通常與環境無關的發展不充分等方面問題的章節。當中制定了多項有關永續發展的工程藍圖，該藍圖是由全球不同國家和當地的聯合國組織、政府和主要群體執行，結果會直接影響人類未來的生存環境。《21世紀議程》共有20章，78個方案領域，20餘萬字。大致上可分為永續發展戰略、社會永續發展、經濟永續、資源的合理利用與環境保護4個部分。

其是將環境、經濟和社會關注事項，納入於一個單一政策框架的聯合國文件。《21世紀議程》載有2,500餘項各種各樣的行動建議，包括如何減

少浪費和消費型態、扶貧、保護大氣與海洋和生活多樣化，及促進永續農業的詳細提議。《21世紀議程》內的提議，至今仍然是適當及有用的，後來聯合國關於人口、社會發展、婦女、城市和糧食安全的各項重要會議，又將其予以擴充並加強[3、10、35、37]。

　　為達到我國永續發展願景，永續會依據永續發展基本原則及願景，並參考世界各國及聯合國《21世紀議程》相關文件，於2000年5月制定《21世紀議程——中華民國永續發展策略綱領》。為因應世界及我國發展現況，於2004年11月永續會第18次委員會核定將該《議程》修訂為《台灣21世紀議程——國家永續發展願景與策略綱領》，以永續海島台灣為主軸，以永續經濟、永續環境及永續社會三面向，研訂永續發展策略綱領與架構

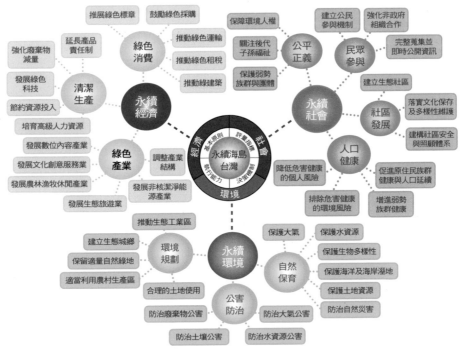

《台灣21世紀議程》國家永續發展願景與策略綱領架構圖[14]。

圖，作為我國推動永續發展之基本策略及行動指導方針[13、14、19]。在考量我國地理位置、自然資源、政治現況、經濟發展、環境保護、永續台灣理念及參考聯合國的永續發展理念與原則，永續會於2009年9月之《永續發展政策綱領》確定了我國「永續發展願景」：當代及未來世代均能享有「寧適多樣的環境生態」、「活力開放的繁榮經濟」及「安全和諧的福祉社會」[17]。

實例解說

為改善空氣品質，行政院環保署於2011年12月9日預告「機車廢氣排放第6、7及8期標準」草案，將嚴格提高廢氣排放標準、延長耐久試驗里程，同時將要求車廠逐年提高怠速零汙染車種的生產比率，預定於2015年、2018年及2021年分別達到1、3、5成；而第7期也規劃從2018年開始，機車須新增車上診斷系統（On-Board Diagnostics, OBD）。行政院環保署將持續推動電池交換站，同時也鼓勵民眾購買電動車或油電混合車[38]。

知識連結

《21世紀議程》是一份關於政府、政府間組織和非政府組織所應採取行動的廣泛計畫，旨在實現永續發展理念。《21世紀議程》目的，是為了保障世人共同的未來，而提供了一個全球性框架。這項行動計畫的前提是所有國家都要分擔責任，但承認各國的責任和首要問題各不相同，特別是在已開發國家和開發中國家之間。《21世紀議程》的一個關鍵目標，是逐步減輕和最終消除貧困，同時還要就保護主義和自由市場、商品價格、債務和資金流向問題採取行動，以消除阻礙第三世界進步的國際性障礙。為了符合地球的承載能力，特別是已開發國家，必須改變消費方式；而開發中國家也必須降低過高的人口增長率。為了採取永續的消費方式，各國要

避免無法永續的資源開發；並以負責任的態度和公正的方式利用大氣層和公海等全球公有財產[10]。

《21世紀議程》還提出了引起環境壓力的發展模式：開發中國家的貧窮、外債、非持續的生產、消費模式、人口壓力和國際經濟結構。在行動計畫中，特別提出如何加強主要人群在實現永續發展時應有之作用——婦女、工會、農民、兒童、青年、土著人、科學界、當地政府、商界、工業界和非政府組織。

為了全面落實《21世紀議程》，聯合國在1992年成立了有53個成員的「永續發展委員會」。其是聯合國裡，有關經濟及社會理事會的一個重要委員會；其主要是負責監督並報告《21世紀議程》和其它地球首腦會議之協定的執行情形。另鼓勵、支援和協助各國政府、商界、工業界和其它非政府組織，因推動永續發展而引發的社會和經濟變化；並幫助與協調聯合國內有關環境和發展之相關活動[3]。

活學活用

由於機車排碳量最多，城市中騎機車人士如能改搭乘大眾運輸或騎單車，將可以減少很多排碳量，讓城市空氣更乾淨。政府並可透過宣傳、補助汰換、降低大眾運輸搭乘車資及提高機車停車費與空汙費等方式，來達成減碳之目標。

基本理論

　　其是一項保護地球生物資源的國際性公約，是於1992年6月1日由聯合國環境規劃署發起的政府間談判委員會第7次會議通過；於1992年6月5日由簽約國在里約熱內盧舉行的聯合國環境與發展會議上簽署，並於1993年12月29日正式生效。

　　聯合國《生物多樣性公約》締約國大會是全球履行該公約的最高決策機構，一切有關履行該公約的重大決定，都要經過締約國大會的通過。至2010年10月，該公約的締約方有193個。

　　《生物多樣性公約》是一項有法律約束力的公約，旨在保護瀕臨滅絕的植物和動物，最大限度地保護地球上的多種多樣的生物資源，以造福於當代和子孫後代。公約規定，已開發國家將以贈送或轉讓的方式，向開發中國家提供新的補充資金，以補償它們為保護生物資源而日益增加的費用，應以更實惠的方式向開發中國家轉讓技術，從而為保護世界上的生物資源提供便利；簽約國應為本國境內的植物和野生動物編目造冊，制定計畫保護瀕危的動植物；建立金融機構以幫助開發中國家實施清點和保護動植物的計畫；使用另一個國家自然資源的國家要與那個國家分享研究成果、盈利和技術。

實例解說

　　據專家估計，由於人類的活動和日益加劇的氣候變遷，目前地球上的生物種類正在以相當於正常水平1,000倍的速度消失，全世界目前約有3.4萬種植物和5,200多種動物瀕臨滅絕。全球每年有1,300萬公頃森林消失，

相當於整個希臘的面積；而加勒比海的珊瑚礁80%都已被破壞。世界自然保護聯盟2009年更新的瀕臨危險物種「紅名單」顯示，全球有1,147種淡水魚面臨滅絕危險，約占該組織當年所監測的淡水魚種類的1/3。此外，世界上6,000多種兩棲類動物中有1/3面臨滅絕危險。

保持物種多樣性和生態環境健康具有重要的經濟意義，聯合國的一項研究顯示，全球每年因毀林和森林退化導致的損失達2萬億至4.5萬億美元；反之，如果每年向自然保護區投入450億美元用於改善生態系統，由此帶來的收益可高達5萬億美元。

知識連結

2004年2月，《生物多樣性公約》締約方第7次部長級會議在吉隆坡舉行，會議通過《吉隆坡宣言》。2010年10月，為期2週的《生物多樣性公約》第10次締約方會議，在日本中部城市名古屋舉行；會議通過了規定遺傳資源利益分配的《獲取與惠益分享名古屋議定書》，同時提出2010年至2020年保護生物多樣性的數值目標。

生物多樣性指的是地球上生物圈中所有的生物，即動物、植物、微生物，以及它們所擁有的基因和生存環境。它包含3個層次：遺傳多樣性、物種多樣性、生態系統多樣性。簡言之，生物多樣性表現的是千千萬萬的生物種類；在地球上熱帶雨林中生活著全世界半數以上的物種（約500萬種），因此，那裡的生物多樣性最為豐富。

生物多樣性具有很高的價值，它不僅可以為工業提供原料，如塑膠、油脂、芳香油、纖維等；還可以為人類提供各種特殊的基因，如耐寒抗病基因，使培育動植物新品種成為可能。許多野生動植物還是珍貴的藥材，為治療疑難病症提供了可能。

隨著環境的汙染與破壞，例如森林砍伐、植被破壞、濫捕亂獵等，目

前世界上的生物物種正在以每天幾十種的速度消失。這是地球資源的巨大損失，因為物種一旦消失，就永不再生。消失的物種不僅會使人類失去一種自然資源，還會通過食物鏈引起其他物種的消失。如今，人類都在呼籲保護生物多樣性，並為之付諸行動[31]。

為了讓人們瞭解保護生物多樣性的重要性，並推動各方迅速採取行動，聯合國大會2006年通過決議，將2010年設立為「國際生物多樣性年」，主題為「生物多樣性就是生命，生物多樣性也是我們的生命」。

活學活用

生物多樣性正遭受極大的危機，威脅最大的有全球暖化、生物被無知人類隨意遷移以及貪婪人類的濫殺捕等三方面。我們要尊重各種生物的生存權，因為生物多樣性是提供各種自然文明的最佳資源。

7-5 永續發展世界高峰會

基本理論

聯合國於2002年8月26日至9月4日於南非約翰尼斯堡召開「永續發展世界高峰會議」（World Summit on Sustainable Development, WSSD），其又被稱為「約堡高峰會議」，共有全球192個國家104位元首及約3萬

由於北極冰帽快速融化，造成北極熊覓食及生存不易，而可能造成北極熊很快滅絕。看到北極熊的悲慘現況，其也許就是人類明日的寫照。

名代表參加。本次高峰會為1992年里約地球高峰會議之後續，會議主要討論人類發展議題、承諾及協議；針對水資源、能源、健康、農業、生物多樣性與生態系經營五大議題，研究如何落實永續發展。除大會外，亦在Ubuntu Village舉辦科學論壇，以及在Expo Center舉辦NGO論壇。會中並通過兩份重要文件，分別為《約翰尼斯堡永續發展宣言》（Johannesburg Declaration on Sustainable Development）及「永續發展世界高峰會行動計畫」（World Summit on Sustainable Development Plan of Implementation）[19]。

《約翰尼斯堡永續發展宣言》簡稱《約堡宣言》，其有37條宣言，強調人類應共同消滅貧窮、改變消費與生產型式、保育及管理自然資源，並承諾人類應不分種族、語言、文化及信仰而相互合作，合力對抗威脅永續發展的軍事衝突、恐怖主義、性別及種族歧視；致力於生物多樣性保育、森林保護、原住民福祉、人類健康及落後地區之永續發展[19]。

「永續發展世界高峰會行動計畫」簡稱「約堡行動計畫」，該計畫是針對消除貧窮、改變不永續的消費和生產形態、保護和管理經濟與社會發展的自然資源基礎、在日益全球化的世界上促進永續發展、健康和永續發展、小島嶼開發中國家的永續發展、區域永續發展、執行手段等8大領域，訂定推動計畫及目標達成期程[19]。

實例解說

用「可再生能源」取代石油等「化石燃料」，可減少溫室氣體排放。可再生能源包括風能、太陽能等。其中，風力發電是目前發展步伐最快的可再生能源，也是相對穩定的技術。

知識連結

　　我國永續會參考全球趨勢與高峰會永續發展行動計畫，完成了我國之「永續發展行動計畫」，並於2002年12月經行政院核定，而為我國實踐永續發展的重要依據。「行動計畫」具體工作項目共計有264項，其中130項於2003年12月前完成，以配合「台灣永續元年」之推動。永續會並於2003年1月25日舉辦「永續發展行動誓師大會」，邀請總統、部會首長、縣市首長、立法委員、民間團體等700餘人出席，簽署「台灣永續發展宣言」。宣言中明示基於世代公平、社會正義、均衡環境與發展、知識經濟、保障人權、重視教育、尊重原住民傳統、國際參與等原則，及遵循聯合國《地球高峰會——里約宣言》及《世界高峰會——約翰尼斯堡永續發展宣言》，確定永續發展策略與行動方案；以「全球考量，在地行動（think globally, act locally）」的國際共識，由生活環境、消費行為、經營活動，從民間到政府，從每個個人到整體社會，以實際行動，全面落實永續發展[19]。

　　為落實永續台灣理念，永續會於2006年4月21及22日召開「國家永續發展會議」，擴大推動公民參與永續發展策略規劃。「國家永續發展會議」經縣市座談、區域論壇、分區會議、預備會議及大會等議題收集及討論程序，共針對「永續台灣，世代傳承」、「建立國際環境形象，善盡地球村責任」、「妥善規劃國土使用，確保環境生生不息」、「調整產業結構，邁向永續經濟」、「建立友善社會，營造生態城鄉」、「保育生物多樣性，維持生態平衡」、「降低環境危害風險，建構健康安全環境」及「擴大全民參與，提昇公民環境素養」等8項議題，達成269項共識決議，提供政府推動永續發展策略規劃之參考依據[19]。

　　永續會為表揚我國推動永續發展績效卓越單位，並鼓勵全民參與永

續發展推動工作，實現國家永續發展願景，特別設立了「國家永續發展獎」，獎勵推動永續發展績效優良、表現卓越之企業、社區、學校、團體及機關，其定於每年6月5日世界環境日頒發，希望將永續精神深植在社會各層面，達到永續發展推動在地化及生活化的目標[19]。

活學活用

行政院環境保護署為鼓勵及落實民眾「節能減碳」，特設置用水及用電「自我診斷」之網址，以協助民眾檢核家中各「空間」或「單位」用水或用電之現況。網址為http://ecolife.epa.gov.tw/Cooler/check/diagnosis.aspx及http://ecolife.epa.gov.tw/Cooler/check/WaterCheck.aspx。

我們要妥善規劃國土使用、保育生物多樣性，如此才能確保環境生生不息。

第 8 章　永續環境

基本理論

　　永續發展的基本理念是一個國家或地區在進行社會與經濟發展時，須考量環境的永續性，三者構成一個永續地球有機體。在《里約環境與發展宣言》中「原則四」特別指出「為了達到持續發展，環境保護應成為發展進程中的一個組成部分，不能同發展進程孤立分開看待。」所以永續發展首先必須重視環境的永續性，把永續環境作為積極追求實現永續發展的最基本目的之一，而永續環境是區隔「永續發展」與「傳統發展」最佳方式。

　　永續發展特別強調永續與發展，而發展是人類共通的基本權利。已開發國家或開發中國家都應享有相同的平等，不容任何國家或人民被剝奪既有的發展權；對於開發中國家，發展更是重要。由於開發中國家有貧窮和生態惡化的雙重壓力，而貧窮會引發生態惡化，生態惡化又會加深貧窮，導致惡性循環。因此，永續發展對於開發中國家而言是極為重要的；只有發展才能解決貧富懸殊、人口激增及生態危機，且能提供必要的技術和資金，並走向現代化和文明。

　　永續環境是永續發展中實現發展的重要內涵，因為永續環境不僅可以為發展創造出許多直接或間接的經濟效益，而且可為發展提供最適宜的環境與資源。永續發展把永續環境作為衡量發展品質、發展水準和發展程度的客觀標準之一，因為永續發展越來越依賴好的環境與適當的資源來支

撑，而永續環境的實踐可以保證永續發展最終目標的實現。

　　永續環境主要目標是，人類必須放棄無法永續的生產和消費方式，也就是要即時並堅決地改變傳統發展的模式。人們在生產時要盡可能少消耗，多利用先進科技產出；消費時盡可能多利用，少排放。因此，人類必須改正過去犧牲環境以增加產出的錯誤作法；在進行發展時，須減少依賴有限資源與減輕環境的汙染負荷，多考量人類與環境間的協調。

　　永續環境的另一目標是，提高人們對環境的意識；在進行永續發展時，人類必須改變對環境的傳統態度，即「自私自利、萬物都是為我所用」。而應建立一種全新的環境觀念，用永續的態度經營人與自然的關係；瞭解人類也是大自然中的一員，人類與大自然間必須和諧相處。

實例解說

　　全球暖化問題日益嚴重，為落實減碳工作，達到排碳零增量目標，翡翠水庫為全台首座完成「溫室氣體盤查」工作的水庫，共盤查出碳排達3,739公噸。翡翠水庫現在以水力發電的總售電量年約2億429萬度，已相當於408座大安森林公園的固碳量，翡翠水庫將會持續朝台北綠色能源中心發展[8]。

知識連結

　　永續會於2009年9月訂定了《永續發展政策綱領》，其中在「基本原則」章節中，特別闡述有關永續環境的，有「世代公平原則」——當代國人有責任維護、確保足夠的資源，供未來世代子孫享用，以求生生不息、永續發展。「平衡考量原則」——環境保護、經濟發展及社會正義應平衡考量。「環境承載原則」——社會及經濟之發展應不超過環境承載力。「優先預防原則」——推動環境影響評估等之預防措施，減少開發行為對

環境造成之破壞。「政策整合原則」——制定永續發展方案，應整體考量生態系統之生生不息；推動永續發展政策，應整合政府及民間部門，使各盡其責、克竟全功[17]。

　　而在「理念方向」章節中有關永續環境的，有「塑造好山、好水、好生活的環境品質」——強化空氣、水、土地、生物、海洋及森林等自然資源的管理與監測，珍惜並公平、合理分配各種資源，以建立生態豐美及富有文化特色的環境。「創造生態平衡的健康城鄉」——考量環境涵容能力，在環境負荷總量管制的前提下，推動設置廢棄物處理設備、空氣及水汙染源排放處理設備、汙水下水道及中水道分離再利用設施；以系統概念，規劃並充實城鄉景觀與公共設施；加強人體健康風險評估，採行災害防範與應變措施等，使國民生活於安全、健康無虞之環境[17]。

風力發電是我國未來替代能源之一種主要方向，圖為苗栗後龍鎮好望角風力發電群。

《永續發展政策綱領》對永續環境的層面，確定了有大氣、水、土地、海洋、生物多樣性及環境管理等6個面向[17]。

　　選購適當容積的電冰箱，以家庭成員每人60-80公升估算，愈小愈省電；選購效率高的電冰箱，電冰箱的效率以能源因數值（EF, Energy Factor）來表示，EF值愈高，愈省電。電冰箱背面離牆壁至少10公分，上面及側面至少保持30公分的空間，以提高散熱效果；減少冰箱開啟次數與時間[22]。

8-1　自然保育

基本理論

　　本世紀以來，全球經濟快速成長及人口急速膨脹，各國競相開發自然資源，以致地球生態資源不斷耗損，人類之生活環境品質因而日益惡化。如何挽救銳減中之自然資源及有效維護自然生態平衡，已成為今日人類共同關注之課題。自然資源與人類生存息息相關，人人都應善盡維護人類生存環境與資源永續利用之責任[1]。

　　依據我國目前所面臨的環境議題，將自然保育方面的政策及行動綱領劃分為6項策略[14]：

1. 保護大氣：人類活動造成的空氣汙染影響健康，大自然、氣候、氣象的變化也同樣的影響生活品質。大氣品質與經濟活動的類型關係密切，能源消耗直接產生二氧化碳，地表森林植被有助於吸收二氧化碳，綠地也有助於稀釋密集的人類活動。透過教育管道培養國民正確的環境行為，將助於保護環境資源。

2. 保護水資源：台灣地區雖然降雨量豐沛，但因地形陡峻、河流短促，以致保水功能不佳。如果積極保育集水區，減緩山崩、地滑、土壤侵蝕及防止不當土地開發，則能保障充足的優良水源；下游地區水源利用如能有效分配，加強再利用，則應可排除缺水之苦。

3. 保護生物多樣性：台灣地區地形變化大，加上氣候溫濕，因此適合生物多樣性發育。惟因過度獵捕，及以往不當的土地開發與工程建設，破壞生物棲息地，使眾多生物趨向絕滅，或族群急邊收縮，造成生物多樣性衰減。另外，引進外來種，更壓迫本土物種的生活空間。近年來「生物多樣性國家策略」已成為世界潮流，我國也將開始進行規劃及實施。

4. 保護海洋及海岸濕地：台灣沿海地區已成為今日經濟發展競相開發之地區，如何對海岸地區作有計畫之規劃經營，並對珍貴稀有資源加以保護，是政府予以重視之項目。

5. 保護土地資源：台灣地狹人稠，土地競爭十分激烈，因此充分掌握土地資源及其變遷資訊是國土規劃的基礎。為了滿足今後的發展需求，保留適當土地也是一項重要的措施。

6. 防治自然災害：台灣地區自然災害頻繁，對生命財產常造成嚴重損失。避免在環境敏感地區進行不當的開發，防災教育、環境管理、國土復育等宣導及防範，都是必須實行的策略。

實例解說

位於台東縣東海岸山脈之中段，即新港山與成廣澳山之間，政府於1988年將該區域規劃為台東海岸山脈闊葉樹林自然保護區，面積達1,779公頃。並於2000年依野生動物保育法，將該區域公告為海岸山脈野生動物重要棲息環境。其主要保護對象為低海拔闊葉樹林、牛樟、朱鸝、台灣長鬃

山羊及多數的台灣特有種及特有亞種生物。其目的是為保育台東海岸山脈之原始闊葉樹林生態系及其動物資源，保存物種基因以供科學及教學研究之用。為能更完整保護其原始林相及動物資源，主要工作項目有：珍稀物種（牛樟、朱鸝、台灣長鬃山羊）之生育地保護；保存區內生物、棲地之多樣性，並確保生態系自然演替過程；提供學術研究及環境教育之場所[20]。

知識連結

近年來因為人口快速成長，土地被濫開發、濫墾非常嚴重，以致經濟發展與自然環境保育產生衝突。由於自然環境若遭受破壞，將難以恢復；原有的野生動植物族群分布遭壓迫，勢將變狹或滅種，自然景觀就難以恢復。為避免上述情況惡化，對於自然生態之維護、野生動植物之保育及自然景觀之保存，已是刻不容緩之事。為維護自然資源永續利用，並配合國際保育發展趨勢，我國自然保育政策如下[1]：

1. 加強森林生態系經營：分別調查森林資源及加強造林，推動全民造林運動，增加森林面積。將森林覆蓋率由目前58.53%，提高至60.24%，屆時我國森林覆蓋率，將由目前占世界各國森林覆蓋率之第8位，提昇至排名第5名，對全球自然生態將有助益，並能提昇我在國際上之形象。

2. 落實本土生物基本資料收集，以確實物種保存，維護本土生物多樣性。

3. 維持生物多樣性與生態系統之平衡，確保野生動植物資源永續利用。

4. 維護特殊自然景觀，確保景觀資源永續長存：維護自然景觀除可維持其特殊生態功能外，並可使民眾瞭解自然之演進及自然資源之可貴性，同時提供最佳之自然教育、研究、觀光、休閒場所。

5. 健全各項自然資源經營管理制度，永續利用自然資源：自然資源係

經由數千萬年孕育而成，如果合理開發利用，可保資源生生不息；反之，不當之利用，則可導致資源之枯竭。為使自然資源提供人類之最大效益，並促進人類與自然資源間之和諧相處，應建立完善之經營管理制度，以有效管理自然資源。

活學活用

我們應尊重各類野生物種及重視生態平衡，因為人類與野生物種是有和平共存關係，人類不可能單獨生存於地球上。

2011年3月6日台東縣大武警方，在金峰鄉比魯溫泉山區破獲盜獵案，落網嫌犯中還有少年。我們必須認知，保護保育類動物是每一個居住在這塊土地上人們的責任，為了給後代子孫更豐富的自然資源，除不應濫捕濫殺保育類動物外，更應積極的愛護自然生態。

8-2 公害防治

基本理論

　　近年來工商業發展迅速，消費能力提昇，以致現代化產業產出甚多公害，衍生許多環境汙染問題。目前環保意識抬頭，人們希望有高品質生活及有一個乾淨生活環境，並希望能保留更好的環境給下一代；因而人們首先須面對的是公害防治問題，其已是全體人類共同責任。公害防治包括了大氣汙染、水汙染、土壤汙染及廢棄物汙染等4項防治。

　　大氣汙染包含了懸浮微粒、二氧化硫、一氧化碳、氮氧化物、碳氫化合物、光化學性高氧化物及鉛等汙染源。水汙染包含了水源涵養不佳、河川水質不良、河口濕地或其它生態敏感地區遭到破壞、地下水保護制度不建全、海域遭受汙染等來源。廢棄物汙染包括了工業生產所產生之工業毒化物、一般廢棄物及事業廢棄物。

　　各類生產事業及生活排廢都會傷害大氣品質，能源的消耗更直接產生二氧化碳等，加速了地球暖化、臭氧層破壞、空氣汙染。管制氣體排放、增加綠蔽率都是可行的措施；綠營建、綠建築、生態工法等政府推動的政策都有助於防治大氣公害[14]。

　　從上游集水區到下游河川入海之後，各種人類活動都持續汙染水資源。伐木、高山果菜、修築道路、坡地社區、興建工廠、家庭廢水排放等都是水汙染的禍首之一。防治水資源公害必須從各個事業及生活層面介入，全民採取行動，方能改善[14]。

　　人類的糧食主要是從土壤培育的作物而來，因此土壤公害直接傷及國民健康，影響國民切身利益。所以，阻絕汙染土壤的源頭、掌握土壤品質、防止土壤汙染等都是相當迫切的工作。如何善用經濟、社會、科技、

教育部門的功能，共同致力於保護土壤，都是永續發展的一環[14]。

　　事業廢棄物是現代社會不能避免的產物，其中更有許多有害的廢棄物。因此，如何有效減少廢棄物是首要優先的考量。而如何限制事業廢棄物的擴散、不當的棄置及妥善的最終處理，則是環保科技必須盡速解決的課題[14]。

實例解說

　　我國河川水質中含壬基苯酚（俗稱環境荷爾蒙，動物實驗發現壬基苯酚會影響生殖能力及破壞免疫）的平均濃度為4.87ppb，遠高於美國的0.12ppb。行政院環保署指出，我國非離子界面活性劑的年使用量為46,000公噸，占清潔劑用量的1/3；而日本人口為台灣的5.5倍，使用非離子界面活性劑的數量卻只有16,500公噸；顯示我國濫用清潔劑的問題相當嚴重。環保署宣導家庭用水減量，且響應「不用清潔劑」活動，改用天然清潔劑或環保肥皂；並經常性的舉辦台灣河川日主題活動「為河川做一件事：今天不用清潔劑」，希望喚起社區民眾、機關團體中每一分子身體力行[32]。

知識連結

　　凡是影響人們正常學習、生活、休息等的一切聲音，都稱之為噪音；噪音汙染是指超過管制標準之聲音及振動。由於噪音會引起人在心理上和生理上的不適，使人煩悶緊張、精神不集中，因而影響工作效率。

　　WHO指出，室外噪音汙染主要來自航空、公路、鐵路運輸、工程施工及工業生產等；而室內噪音汙染則來自風扇、電腦及其它家用電器。因此，該組織建議各國政府應將治理噪音汙染納入國家的環保計畫中，將WHO的指導性標準，視為噪音治理的長期目標；制定和實施有關噪音管理的法律與法規，支持有關減少噪音的科學研究。

而噪音汙染防治是以控制噪音發生源為最主要工作，對於固定性或移動性噪音源之偵測作噪音管制統計，再依現有統計資料作未來趨勢分析，包括噪音大小及其分布，並據此訂定對策。

　　公害防治的基本原則有：確實遵守公害防治的法規、積極研發消除公害的技術及防治對策、迅速解決現存的公害及嚴防危害繼續擴大、加強公害防治教育、提高大眾對公害的認識與防治觀念、設立公害防治的監視與監測機構、加強大眾傳播力量及建立環保共識[15]。

活學活用

　　大家都應確實遵守公害防治的相關規範，主動發現及反映有違公害防治之事件，以維我們有個優良品質的生活環境。而政府也應積極研發消

為維護環境並提高國民生活品質，保育海岸及海洋生態資源，維繫大地之整體自然生態平衡，是所有人的責任。

除公害的技術及防治對策；迅速解決現存的公害，並嚴防危害繼續擴大；增強公害防治教育，提高大眾對公害的認識與防治觀念；加強大眾傳播力量，建立環保共識。

8-3 環境規劃

基本理論

其是國家經濟和社會發展規劃的組成部分。此種規劃是對一定時期內環境保護目標和措施所作出的規定，其目的是在發展的同時保護環境，並維護生態平衡[36]。

把環境規劃列入國家經濟和社會發展規劃，是60年代末、70年代初才開始被重視；因為傳統的國家經濟和社會發展規劃，是不考慮或甚少考慮環境問題的。從產業革命開始到20世紀60年代的時期內，為了緩和發展與環境的矛盾，也有過環境規劃，並採取過治理措施；但是其只限於對汙染的治理，很少採取預防措施。同時，把汙染也只看成是一個個孤立的事件，很少從相互聯繫和整體上加以考量。從60年代末開始，人們逐漸意識到環境汙染和破壞的嚴重性；且認識到在汙染防治上，應該從地區範圍採取綜合性的預防措施，汙染的治理措施反而是擺在第二位。而環境規劃就是在這種氛圍下發展出來的。

環境規劃主要有三種，其為汙染控制規劃、國家經濟整體規劃、國土規劃。環境規劃制定的步驟為：1.環境調查。進行自然條件、自然資源、環境品質狀況、社會和經濟發展狀況的全面調查，掌握豐富、確切的資料。2.環境評估。在調查的基礎上，進行綜合分析，對環境狀況作出正

確評估。3.環境預測。在環境評估的基礎上，對環境發展趨勢作出科學預測，以作為制定國家經濟和社會發展長遠規劃的依據[4]。

　　從1999年開始，巴黎十五區靠近塞納河畔，占地約14公頃的雪鐵龍公園（Parc André-Citroën）上空便飄浮著一顆熱氣球。為了和巴黎市政府續約，2008年時熱氣球生產公司Aérophile將它升級成具備監測空氣品質的環保熱氣球（Ballon Air de Paris）。

　　熱氣球生產公司在巴黎市內設置了6個都市觀測站和5個交通觀測站，以歐洲各大城市最嚴重的三大汙染源：二氧化氮、臭氧和懸浮微粒為偵測依據，操作人員會將回報的指數，以不同色彩的LED燈投射於熱氣球上，依空氣品質的好壞共分為綠、淡綠、黃、橘和紅色5種標準，色調越偏向暖色系表示空氣品質越差。因為環保熱氣球高35公尺、直徑為22.5公尺，飄浮於約150公尺高的空中，方圓20公里範圍內的人都能看見它，因此每天將近有40萬人能透過熱氣球，瞭解巴黎的空氣品質。環保熱氣球除了具備環保功能之外，更是巴黎的新興旅遊景點，遊客只需付約500元台幣的費用，就能乘坐目前世界上最大的熱氣球（最多能同時乘載30人），在高空一探巴黎市區360度的美景[29、40]。

　　環境規劃是為了協調發展經濟和保護環境，對一定時期內環境保護的目標和措施所作的規劃。一般環境規劃可分為全國性的和地區性的規劃，其是由國家或地方政府所制定。也可以進行跨行政區的規劃，如區域規劃、河流流域規劃及城區規劃等。也可以由環境行政主管部門依據環境要素，作出分類規劃，如大氣汙染防治規劃、水質汙染防治規劃、土壤汙染

防治規劃等。通常在制定規劃前，必須先進行環境調查，再進行評估及環境預測，才能制定出相應的、可行的、可達到預定目標的規劃[36]。

　　汙染控制規劃是針對汙染所引起的環境相關問題而編定的，其主要是對工農業生產、交通運輸、城市生活等人類活動對環境造成的汙染，所規定的防治目標和措施。

　　而國家經濟整體規劃是在國家經濟發展規劃中，相應安排的環境規劃；這種規劃是依照既有計畫、按照比例的原則，納入國家經濟和社會發展規劃中，並隨著國家經濟計畫的實現，以達到保護和改善環境的目的。

　　由人類社會發展的過程證明，要保持社會經濟發展與人口、資源、環境的協調，維護一個適宜於人類居住與生活的環境，不能只靠消極的治理，而是要採取積極的預防措施。要預防環境汙染和破壞，國土規劃被認為是最有效的方法。所謂國土規劃，就是使國土的開發、利用、治理和保護，能符合國家長遠的規劃與人民利益及福祉。這種規劃須確定資源能被合理的開發、利用及戰略布局；且須確定生產力的配置和國土之應用，能為國家經濟的長遠規劃，提供一套完善之依據[4]。

活學活用

　　由於濕地能提供各種生物所需水源、調節突發性洪流及淤積所帶來的沖積土、保護海岸減少沖蝕、涵養地下水層、提供許多物種的生存空間、保育野生動物及棲息環境、防止地表及地下水的海水入侵、儲存上游所帶來的有機養分、淨化水質及清除汙染物、調節區域生態系及提供休閒旅遊等優點，我們要好好珍惜及尊重此大自然的瑰寶。

台灣中南部有些地方超抽地下水，造成土地下陷非常嚴重。1993年曾創下地下水被抽掉71億噸的歷史紀錄，其相當於12個滿水位的翡翠水庫容量。過去10年，政府雖然積極管制超抽地下水，但每年超抽地下水仍達57億噸，相當3座翡翠水庫水量。

第 9 章　永續社會

基本理論

　　由於人口和財富的激增，地球自然資源無法滿足人類的需求，人與自然的矛盾更加突出。因此必須禁止那些不顧子孫後代而任意糟蹋自然資源的行為，並建立一個永續發展的社會。而永續發展的社會應具備以下特徵[34]：

1. 不僅實現代際公正，更要實現代內公正，即當代一部分人的發展不應損害另一部分人的利益。

2. 經濟與社會的發展要符合地球生態系統的動態平衡的法則和資源可持續利用的原則。

3. 改變不合理的資源消耗式的消費模式。

4. 解決全球的貧窮問題，窮人的生活質量有所提高。

5. 地球環境惡化得到抑制並得到根本的改善。

6. 在平等公正和尊重國家主權的前提下解決國際爭端，以對話代替對抗。

7. 依靠科技進一步解決永續發展中的主要問題。

8. 建立節約資源型、環境友好型的社會。

　　「安全無懼」、「生活無虞」、「福利無缺」、「健康無憂」、「文化無際」應是安全和諧社會的寫照。當就業安全制度建立後，只要勤勞，人人皆有所用；當福利制度完備後，鰥、寡、孤、獨、廢、疾者，人人皆

有所養。當醫療體系健全，文化措施豐富，那麼全體國民之心理健康皆將精進，進而全民能凝聚共識，珍惜所有，並共同維護社會秩序與安寧，享有無慮無懼的日常生活[14]。

實例解說

憲法增修條文第10條第6款規定：「國家應維護婦女之人格尊嚴，保障婦女之人身安全，消除性別歧視，促進兩性地位之實質平等」；立法院也於2011年通過《消除對婦女一切形式歧視公約》施行法，讓全體國人均可適用，展現我國承擔國際義務的決心與實際作為。此外，政府組織改造後，行政院將成立性別專責機構——「性別平等處」，由院長主持任務編組，比行政院任何一個委員會的層級都高，以期提高我國性平政策協調與推動的效率[6]。

知識連結

在《永續發展政策綱領》之「基本原則」章節中，特別闡述有關永續社會的，有「社會公義原則」——環境資源、社會及經濟分配應符合公平及正義原則。「健康維護原則」——經濟及社會發展不得危害國人健康。「公開參與原則」——永續發展的決策，應彙集社會各層面之期望和意見，經過充分的溝通，在透明化的原則之下，凝聚各方智慧，共同制定。「國際參與原則」——遵循聯合國及國際公約規範，善盡國際社會一分子的責任；對開發中國家提供的外援，永續發展應列入重點項目[17]。

而在「理念方向」章節中有關永續社會的，有「加強社會福利政策」——推動社會福利政策，消除貧富差距；強化原住民及老弱婦孺的各項福利措施，以達社會公平與正義的目標。「推廣永續發展教育」——整合教育資源，加強終身永續教育，並結合社會資源，強化全民永續發展的意識

與行動。「推廣大眾參與公共決策」──以全民共識與支持為基礎，尊重少數及弱勢，推動廣泛參與公共及全球環保事務，使社會各階層的智慧充分發揮。「協助地方推動永續發展」──「夥伴關係」及「全民參與」為地球高峰會之呼籲及推動永續發展之重要關鍵，中央應持續協助縣市政府推動永續發展，俾全面性推動永續發展工作[17]。

《永續發展政策綱領》就永續社會層面，確定了有人口與健康、居住環境、社會福利、文化多樣性及災害防救等5個面向[17]。

活學活用

我國至今仍有許多傳統習俗歧視婦女，例如工地不准女性工程主任進入的情形；我們應打破傳統，深化性別平等教育，在日常生活中宣導性別平等的概念。尊重女性，就由我們自己開始，並落實教育下一代的孩子們從小做起。

永續社會的特色在於要符合地球生態系統的動態平衡，就如同在海底下，各種生物互相公平、共生與健康的共存。

9-1 公平正義

基本理論

　　所謂永續社會的公平正義，就是一般人所說的公正；其反映的是人們從道義及願望上，去追求利益關係，特別是有關分配關係合理性的價值理念和價值標準。但凡有人群且有利益分配的地方，就必然會產生公平正義的問題。但要準確把握公平正義的內涵，則必須要用歷史的、具體的、相對的眼光來探討與分析[5]。

　　「不患寡而患不均」長久以來就是一個社會首要面對的課題。在台灣社會邁入經濟富裕的同時，社會中仍存在著許多絕對與相對弱勢的族群與群體，因此對於這些群體的特殊照顧，不但是社會走向「均富」的關鍵性措施，更是符合倫理學者羅爾斯所主張的正義原則。同時，一個社會要邁向永續，除了必須關注本世代人的公平正義之外，對於後代子孫的生存與福祉的關注更是必須盡心盡力，這也才符合聯合國對於「永續發展」的最主要訴求。此外，除了上述邁入對於弱勢以及後代子孫等「群體」性的公平正義之考量之外，有關環境方面的個人性公平正義原則也不可偏廢，這主要展現在近年來國際上對於「環境人權」觀念的提出與主張。基於上述，在永續社會中對於公平正義的追求可以分別以下列三大策略項目為主要重點：保護弱勢群體與團體、關注後代子孫福祉及保障環境人權[15]。建構及維護一個符合多數人期待的公平正義社會，是衡量政府統治正當性的重要基礎之一，2000年聯合國千禧年發展目標（Millennium Develop Goals）即揭示社會發展願景之一，是在各項政策領域體現「公平正義」。

　　永續社會的公平正義主要表現於權利公平、機會公平、規則公平、效率公平、分配公平及社會保障公平等六大面向[5]。

由行政院研究發展考核委員會之委託研究計畫「民眾對社會公平正義的看法」知，民眾對實質面之社會正義較為關注，其反映在民眾對社會正義各面向之評價上。而民眾對政治面之社會公平正義評價最高，其次是社會及司法面，評價最低的則為經濟面之社會公平正義[30]。

根據一些考古的發現，早在原始社會時，人們就存在著公正的概念；但這種觀念，源於原始社會「對等復仇」的法則。而「對等復仇」是原始社會調解氏族糾紛的基點。在文明發展的起始階段，它在調解部族內的關係中，起了非常重要的作用。例如處罰對等，就被視為公正的表徵；而且認為公正的懲罰，就是使事物回歸到起始點[5]。

自人類進入階級社會以來，由於私有制、剝削和壓迫的存在，人與人之間產生了極大的不平等。在人類發展的整個歷史進程中，人們對未來理想社會的期待和設計，始終貫穿著對社會公平和正義的嚮往。在我國歷史上，早在春秋戰國時期的諸子百家，就已然開始對社會公平和正義問題進行思考。例如，孔子提出：「有國有家者，不患寡而患不均，不患貧而患不安。蓋均無貧，和無寡，安無傾。」，就是表現出追求一個公平、均等的社會的強烈願望。而墨子主張的「兼相愛」，就是勾畫出一個令人嚮往的「愛無差等」的公平理想社會。《禮記‧禮運》精要的闡述了「大道之行也，天下為公」的博大思想。而國父孫中山先生提出用「三民主義」改造中國的理論，其中之「民生主義」的理想就是要使人人均富，使人人都有平等的地位。

要改善民眾對社會公平正義的看法，首先就是要消弭不平等，尤其是

經濟面之不平等。民眾對社會公平正義的看法，往往與其切身經歷與感受相互影響。民眾常會將生活中之種種社會互動，劃分成正義或不正義；如其所遭遇的貧富差距擴大、薪資所得趕不上物價成長的問題，就會進而影響民眾對政府施政之看法[30]。

活學活用

政府須透過一些機制去活絡各階層的合法經濟活動，包括增進人們的互信、締結合作盟約及設置獎勵制度等；並大力消除地下經濟活動，使經濟成長成果能合理分配。除了加強正規教育外，也應增加職業訓練及公共照顧方案；使弱勢人口能夠加入經濟活動中，同時維持其就業力，避免被市場所淘汰。

永續社會就是強調公平正義、互相友愛與平等，就像企鵝世界一樣。

基本理論

　　永續發展之重點，是要使社會各個層面的集體智慧有充分的發揮，包括地方政府、婦女、兒童青少年、原住民、非政府組織、勞工與工會、企業界均可發揮他們在國家永續發展過程中的功能。例如，可鼓勵婦女及青少年熱心參與各種永續發展的活動；對原住民應尊重其文化特色與對環境生態的傳統認知；科技與學術研究可在資源、保育與環境保護方面，擔負重大任務；而產業界善盡企業社會責任，也是提昇國家競爭力的途徑[17]。

　　一個追求高經濟成長的社會要轉型為永續型的社會，絕非透過政府機構的努力便可達成，更重要的是必須有社會中多數的民眾與民間團體的參與及努力才能竟功。正因如此，聯合國的《21世紀議程》中才有許多條文說明，必須強化各不同團體的功能，使其能參與永續社會之建構。當然，為了讓民眾與民間團體能有效的參與，各種資訊完整、適時的蒐集與公開以及便利民眾使用便是必要的手段了。基於此，在追求永續社會過程中，民眾參與的政策方向必須包含下列策略項目：建立公民參與機制、強化非政府組織合作、完整蒐集並及時公開相關資訊[15]。

　　此外，更經由社會環境教育，提高全民「永續發展」意識，使各階層之社會分子，不僅自其不同之領域及社會角色來貢獻其心力，更以其自身即為社會資源之一部分，成為積極「參與者」，進而協助較弱勢之族群，使其發揮潛能、貢獻心力，使國家能永續發展[17]。

　　不論是在國際間或國家之內，非政府組織在環境保護與推動社會永續的課題上，往往都是扮演著最重要的角色。非政府組織應參與有關執行「永續發展」而建立的機制，盡量利用其在教育、減緩貧窮、環境保護與

復育等方面的特殊能力。因此，除了持續強化非政府組織的監督功能之外，善用非政府組織的獨立、靈活與機動性來推動永續相關課題，往往可以獲致重大的成就。而民眾以及非政府組織有效地參與永續社會的建立，必須建立在他們能獲得完整與即時的相關資訊之前提下[15、17]。

實例解說

嘉義縣水上鄉大崙社區位於水上交流道西側500公尺嘉朴公路兩側，長久以來即是鄰近村莊生活中心，屬於都會與傳統農村聚落間的中間型農村社區。社區自2003年5月起，先由部分居民組成志工隊，開始帶頭推動掃街、撈除儲水池垃圾、清理小廣告、環境衛生宣導等工作；並推動DIY美感角落及花園營造。經過一段時間後，其他居民實地感受到社區環境變優美的吸引力，及體會環境清潔衛生的重要性，很快的就有愈來愈多居民參與。第二年時，該社區擴大推動廚餘回收堆肥及環保有機庭園空間營造等工作，落實了生態有機家園目標。由於民眾熱心參與，現在該社區已成為一個人人稱羨、整潔又美觀的模範社區。

知識連結

台灣地區邁入真正的民主社會雖然已有十多年，但是除了與民眾切身利益相關的事務之外，日常提供民眾參與公眾事務的機會與管道並不成熟。因此，培養與鼓勵民眾的公民身分認知與參與熱忱，是建立民眾參與的首要手段。

推動「建立公民參與機制」的具體方法有：1.落實地方自治，強化地方政府與民眾參與的互動。2.鼓勵民眾參與環保及社會活動，扮演推動永續發展的積極角色。3.擴大兒童及青少年知識領域，提供參與永續發展行動的機會。4.由政府與民間合作推動民眾參與相關之學校與社會教育。

5.建立完善的公民投票制度。

　　實施「強化非政府組織合作」的具體內容有：1.建立非政府組織有效參與永續發展行動的機制。2.促進政府與民間團體對於環境保護、自然保育以及永續發展相關議題進行教育、培訓、活動辦理等各項合作計畫。3.促進科技界、人文社會科學界和決策者間的合作，擴大發展解決環境問題的範疇。

　　落實「完整蒐集並即時公開相關資訊」的具體內容有：1.建立系統化、電腦化、一致化、標準化、透明化的環境資料庫。2.確保環境資訊的適時、清楚、易解與可得性。3.建置永續發展知識庫，強化環境資訊的國際交流和分享[15]。

活學活用

　　永續社會是屬於大家的，人人皆有責。我們要主動關心社區的活動，並踴躍的支持及參與家園環境的改造。相信由於大家的關注及參與，明日的社會環境會更好。

大直劍潭里里民參加社區
活動及清潔打掃[39]。

9-3 社區發展

基本理論

　　我國雖然已經是一個高度都市化的地區，但是社區生活仍占民眾日常生活中極為重要的一環；發展活絡、健全、符合生態法則、具有文化特色與氣息以及舒適安全的社區，是邁向永續社會的必經之路。聯合國《21世紀議程》也清楚的呼籲各國發展永續的人類生活聚落。因此，必須透過積極推動「社區總體營造」計畫，建立公私部門與社區間的夥伴關係及社區居民參與公共政策研擬與環境改造的機制，持續地推動社區再造，凝聚社區意識與聚合社區居民的行動，讓社區可以再次成為民眾生活以及參與公眾事務的中心，以規劃具文化、綠化、永續之健康社區。基於此，我們應該致力於下述策略項目的推動：建立生態社區、落實文化保存與多樣性維護及建構安全與照顧體系[15]。

　　透過社區、建築的綠化以及推動各種符合生態原則的減量、循環與使用再生資能源，不但能夠提高社區的居住與生活品質，更是一個社會集體走向永續的必要途徑。而在「全球化」的時代裡，個人乃至於社區往往因為模糊化而逐漸失去其特殊性與重要性。在此情況之下，社區要能持續發展並發揮重要的功能，必須讓社區保有、創發其文化傳統與特色，如此才能吸引民眾的持續居住與參與。除了建構生態社區與具文化特色的社區之外，一個社區的安全以及完善的照顧體系，也是社區得以持續吸引人並活絡化的最重要因素之一[15]。

台北市中山區大直劍潭里，位處東起大直橋、西至中山北路4段、南起基隆河、北至劍潭山與士林區相接，里內有力行1、2號綠地及力行3號公園。由於該里住戶是以原眷村改建之在地居民為主，初期里民缺乏環保概念，隨意丟棄垃圾及大型家具；開放公共空間及荒廢之空屋，未做充分利用；里民無適當的休閒運動場所；整個社區內亦未做綠美化；由於人力不足、缺乏志工組織、經費籌措困難，以致該里未能作適當之社區發展。

該里之里長畢無量先生自2008年起，帶領志工隊，整合運用社團人力，充分利用在地人力，用最少的經費，做出最大的成果。在短短的4年內，完成了許多「不可能的任務」；如：力行3號公園整修與維護、登山步道之興建、生態教學園區及美化工程之建置、與士林區農會合作辦理「香草植物講座」及戶外實際栽植、自製遛狗隨手清狗便之沖洗馬桶、組織綠美化志工不定期協助社區進行全面性公共空間綠美化及維護、里民共同維護社區環境衛生宣導活動、結合社區及社會資源提供多元社區關懷、舉辦「社區音樂會」及「文化就在巷子裡」等人文與藝文活動。4年內得到超過30項獎勵殊榮，其中包括全國特優里長、台北市社區照顧關懷據點評鑑優等、2009年第1屆台灣健康城市創新成果獎及環境改造獎、台北市都市彩妝金獎及最佳社區「美」夢成真特別獎、台北市健康生活計畫～績優康健社區、台北市績優綠化志工獎、全國環保模範社區甲等、城市花園社區綠美化競賽冠軍、台北市社區環保人員類二等環保獎章、2010年中華民國第1屆終身學習楷模獎。

知識連結

實施生態社區的作法有：1.推動綠營建及綠建築。應用系統概念調和

空間、景觀與文化，以建構生活好家園。2.積極提高社區公共設施水準及綠地比例，建立社區回收站，營造良好社區品質。3.全面調查城鄉景觀特性。依地方特色規劃、設計及建設，積極營造各城鄉新風貌，創造循環型社會及生態城鄉。4.推動社區減廢、資源與能源及廢棄物的減量、資源循環使用及再生能源的應用。5.規劃以腳踏車及步行者為主的社區環境，提高大眾運輸系統之質與量，避免居住環境之空氣及噪音汙染。

　　落實文化保存及多樣性維護的方式有：1.加強古物管理，鼓勵私人設立文物館。2.促進古蹟遺址之再利用及維護，善用文化資產。3.保存及活絡善良民俗，賡續民族藝術傳習。4.創造發展與維護地方具有特色之人文景觀，並提供遊憩、文化、藝術設施與場所。

大直劍潭里畢無量里長上任後，與里民同心先將荒廢之空屋綠化，並打造為該里之活動中心。

而建構社區安全與照顧體系的作法有：1.增進社區預防與減輕自然災害的能力。2.降低犯罪率。落實利用社區的力量，如社區警政合作模式，提高警政系統之效率及強化居民預防犯罪意識。3.交通運輸系統的規劃與設計，降低交通事故的發生，確保車行與人行的安全與舒適。4.推動社區老人與幼兒的在地照顧系統。

活學活用

如果人人都關心社區相關事務，社區發展才會健全；如此大家才能享有良好的生活品質及安全的居住環境，共享社區帶給我們的安寧與照顧。

9-4 人口健康

基本理論

健全的人口結構和健康的人群是永續社會不可或缺的條件之一，21世紀的台灣社會，已步入一個人口老化、原住民人口更為少數化的人口組成與結構。台灣人的健康狀態，也正面臨傳統傳染性疾病危害；將去未去與新產生的經濟發展，引發之環境性健康危害；以及持續累積和生活習性改變所導致個人性健康危害增加等三重健康風險因素的衝擊。此外，台灣的人口數以及健康狀況的空間分布、社會條件和所得分配都呈現不均勻和不平等的狀況；而這些危害人口健康的因素，也呈現持續擴大影響和惡化代與代之間不平等的趨勢。因此為了提供永續社會一個健全的人口結構和健康的人群，台灣社會有必要根據人口結構的缺失和健康風險的高低來擬定：促進原住民族群健康與人口延續、增進弱勢族群健康、排除危害健康的環境風險、降低危害健康的個人風險等四大策略項目。在未來10年積極推動有效的健康風險評估與管理的工作，讓台灣社會朝向一個族群多樣、

健康平等的永續社會發展[15]。

　　台灣原住民各族人口數之總合占全國人口不到2%，人口成長率及平均餘命均較漢族為低，嚴重危害台灣族群多樣性永續社會的發展，也違背全球永續發展理念中，對於少數族群人口健康保障的原則。

　　全球化的衝擊，造成了人口中的女性、幼兒、單親、老人、精神病患、患有新興傳染病和環境職業病等類的病人，因性別、年齡或特殊疾病成為健康的弱勢族群。國家的政治與經濟政策也造成基層與中央、偏遠地區與核心都市、上對下、中心對邊陲於健康上的不平等關係，因此我們有必要透過適當政策的推動，增進弱勢族群的健康，以維護永續社會的發展。

　　不永續的經濟發展策略讓台灣環境存在、累積許多環境風險，使得台灣的空氣、水體、土壤、食物都面臨許多來自工商活動的環境汙染，而全球環境的變遷也讓台灣籠罩在新興傳染疾病的威脅之中。為了保障現有世代及未來子孫在社會永續發展中保持健康，我們有必要採取必要的措施來排除危害健康的環境風險[15]。

　　經濟活動的全球化和資訊化的結果改變了人類的消費行為和活動型態，使得每個人的生活之中面臨許多不健康的風險因子，如飲食失調、運動不足、抽菸、喝酒、嚼檳榔及交通事故等。我們有必要根據實證醫學的證據來降低危害個人健康的行為因素，透過優先推動相關預防保健、健康促進和健康教育措施來降低危害健康的個人風險，讓台灣的家庭、社區達到永續發展和健康安全的境界[15]。

實例解說

　　政府為維護國人健康，推行「全民健康保險成人預防保健服務」。只要年齡在40歲以上未滿65歲者，每3年給付健康保險乙次；65歲以上者，每年給付健康保險乙次。

促進台灣原住民族人口的永續健康具體措施有：1.落實一個能確保原住民人口數達到占全國總人口有意義比率的人口政策。2.落實一個能確保現有原住民鄉鎮中原住民人口數量穩定成長的城鄉發展政策。3.建立一個能讓原住民地區醫藥衛生資源和品質達到縣轄市地區水準的原住民衛生政策[15]。

推動增進弱勢族群健康的政策有：1.建構一個促進孕產婦及新生兒健康的保健體系。2.建構一個保障單親家庭、性侵害及家庭暴力受害婦女的醫療復健網路。3.建構一個可以維護幼兒居家及寄養場所安全健康的照護制度。4.建立一個健全的精神衛生行政體系和精神醫療復健與心理衛生保健網路。5.建立一個健全的多元化照護、居家護理、日間照護等社區化的慢性病和老年人長期照護服務網路與照護模式。6.建立一個可以保障新興傳染病和環境職業病病人人權的醫療保健體系。7.加強改善鄉鎮基層保健和醫療設施來縮小中央與地方上下層級之間的衛生差異。8.提昇山地、離島、金門、馬祖醫療保健服務品質來改善中心與邊陲之間的衛生差距[15]。

排除危害健康環境風險的措施有：1.建立一套完善的健康風險評估與管理制度。2.持續實施全國性空氣、水體、土壤汙染的健康風險評估。3.妥善管理所有已知之環境汙染地區的健康風險問題。4.妥善管理抗生素、持久性汙染物和基因改造物使用之健康風險問題。5.控制現有傳染性疾病到達先進國家之感染率和死亡率的水準。6.強化中央及地方應變新興傳染性疾病的防疫體系和效能[15]。

降低危害健康個人風險的作法有：1.優先控制貧窮、教育不足等影響個人健康的根本性風險因子。2.優先推動健康促進方案，作為初級預防之策略重點。3.優先強化以針對全體人口為標的的預防保健措施。4.根據以

整合性疾病篩檢為載具之社區診斷證據，全面性地推動健康社區營造。

5.根據實證醫學的證據，全面性進行癌症防治、慢性病防治、口腔衛生、視力保健、菸害防治、檳榔防治、事故傷害防治等公共衛生問題的健康傳播，來降低由個人行為與生活型態上所造成的健康風險[15]。

活學活用

大家應培養健康生活型態，建立正確飲食觀念，營造健康生活環境。

我們要有不受汙染的空氣、水體、土壤、食物，大家才會有健康的身體。

第 10 章　永續經濟

基本理論

　　21世紀初，全世界面臨全球化過度發展、氣候變遷，以及公共治理弱化所產生的諸多問題，包括：環境汙染、資源耗竭、貧富不均、水資源減少、物種生存威脅，以及經濟發展失衡、金融失序等。面對新世紀全球挑戰，許多先進區域或國際組織成員國，除了持續追求經濟繁榮、環境保護與社會公平正義均衡發展外，亦體認永續經濟發展對於達成永續環境與社會目標的重要性，如發展生態技術（eco-technology），不僅可帶來新的商機與改善受汙染的環境，同時也會改變新的生產與消費方式，進而推動負責任的企業行為。因此繁榮和諧與公平正義社會的建立，可借助於永續經濟發展而達成[17]。

　　永續發展的經濟觀點是在達到經濟活動之淨效益最大化目標的同時，維持產生這些效益的資本，包括人造資本、自然資本與人力資本等之存量，與確保人民生活需求[14]。

　　為達到「永續發展」的理念，我們必須調整過去重於開發及追求快速高度經濟成長的心態；改變過去的產業發展方向，以「質」的提昇取代「量」的擴增；著重於良好品質且與環境相容的經濟發展。這樣的經濟發展，才符合永續發展的精神；這樣的經濟才是健康的經濟，是永續的經

濟。在此前提下，我們應該發展與環境友善的綠色產業，從事無害於環境的清潔生產（cleaner production, CP），並推動保護環境的綠色消費[16]。

台灣是亞洲第一個宣布要建立「非核家園」的國家。在2001年2月13日，我國立法院與行政院共同簽署協議，內容強調我國整體能源未來發展，應兼顧國家經濟、社會發展、世界潮流及國際公約精神，在能源不虞匱乏的前提下，規劃國家總體能源發展方向，以期能使我國於未來達成「非核家園」之終極目標。2002年11月19日立法院三讀通過「環境基本法」，其中之第23條明示：「政府應訂定計畫，逐步達成非核家園目標」，使「非核家園」的理念得以法制化[16]。

台灣天然資源匱乏，地狹人稠，環境承載力低，而在推動未來永續經濟發展計畫時，另面臨若干結構性經社問題，包括：高度依賴出口、易受國際因素的影響、製造業微利競爭、服務業創新不足、所得分配顯現「M型化」趨勢警訊、人口結構高齡化與少子女化現象加劇、能源使用及二氧化碳未能與經濟成長脫鉤等[17]。

在《永續發展政策綱領》之「基本原則」章節中，特別闡述有關永續經濟的，有「科技創新原則」——以科學精神和方法為基礎，擬定永續發展的相關對策並評估政策風險；透過科技創新，增強兼顧環境保護、經濟發展及社會正義之三重目標動力。調整決策機制，並建立落實永續發展之相關制度[17]。

在「理念方向」有關永續經濟的，有「調整國人生活與個人行為習慣」——提倡綠色消費及簡樸生活，注重生活品質以取代奢侈浪費的習

性；建立資源循環型社會，落實廢棄物及資源的回收再利用系統，以創造樸實節約的生活環境。「推動風險管理及前瞻規劃的經濟發展」──1.推動經濟發展，應強化防患未然之前瞻規劃能力，優先考量生態保育及生物多樣性保育，並對國土之利用，應適度保留環境敏感地、野生物棲息地及原始土地，以維持生態系統穩定均衡，使大地生生不息、周行不殆。2.調整能源政策及產業結構，因應全球氣候變遷。加強能源多元化，並研發潔淨能源，發展綠能產業，以保能源安全與長期穩定的供應；加強利用生質燃料，推動低汙染、省能源的交通運輸系統，以降低運輸部門二氧化碳排放量；提昇能源效率，調整產業結構，強化清潔生產技術，以確保維生系統完整性，因應全球溫暖化及氣候異常變遷[17]。

坐落於台北市青年公園內，兼具太陽能發電及節能系統的「太陽圖書館暨節能展示館」於2011年10月28日正式啟用。其是台北市第4座無館員「智慧圖書館」，占地200坪，為地上兩層樓的建築物，由民間企業出資興建。該圖書館是以節能科技打造，市政府希望這樣的綠建築能讓環保及節能減碳觀念深入民眾生活[9]。

《永續發展政策綱領》對永續經濟層面，確定了有經濟發展、產業發展、交通發展、永續能源及資源再利用等5個面向[17]。而我國未來的「永續經濟」發展，將以國家發展新願景——「活力創新、均富公義、永續節能」為基礎；以期在經濟發展、社會公義與環境永續等層面，達到國際先進水準。並建構具國際競爭力的永續經濟環境，以充沛經濟創新活力、生活品質與產業「質」的提昇，而成為國際間永續發展典範。

活學活用

　　我們要有「綠色消費」概念，購買用品時仔細閱讀標章和成分，全民來把關。唯有我們主動瞭解及關心，才能真正有效遏止毒素被濫用及侵入環境。

10-1 綠色產業

基本理論

　　國際綠色產業聯合會（International Green Industry Union）曾為「綠色產業」做過定義：「如果產業在生產過程中，考量環保因素，借助科技，以綠色生產的機制，達到節能減排的產業，我們就可稱其為綠色產業。」也就是說，綠色產業是指積極採用清潔生產技術，採用無害或低害的新工藝、新技術，盡量做到少消耗、高產出及低汙染。也就是，其為盡可能把對環境汙染物的排放，消除在生產過程之中的產業。而生產環保設備的有關產業，它們的產品稱為綠色產品[11]。

　　綠色產業的興起不是偶然的，它有著特別的時代背景和主客觀因素[11]：

1. 由於世界各國為了獲得短期利益及追求更快的經濟增長速度，不惜過度開發天然資源以生產，導致了非再生資源的匱乏。為了合理使

用已稀少的天然資源，產業的「綠化」勢在必行。

2. 由於各國政府只注重本國經濟的永續發展，大多會採用強制性的產業政策，大力扶植綠色產業；其包括法律、稅收、財政等措施。這大大促進了綠色產業的發展。

3. 消費者綠色意識大大增強，消費者用「綠色觀點」來選擇商品，並向生產者施加影響。這種新的「綠化」需求結構引導了「綠化」的生產和產業結構，從而推動了綠色產業的發展。

4. 企業界迫於各方壓力以及受誘於種種利益而進行綠色生產，採用綠色行銷策略，並且進行整個企業的綠化。

5. 由於國家政策的扶持及相應的投資，且企業及投資者瞭解其市場潛力，願意進行相關投資；此方面的大量投資，解決了綠色產業發展的資金問題。

6. 「綠色浪潮」的衝擊，影響了各國的產業結構，促使各國向「綠色」方向發展，以求與國際潮流同步，而不至於在國際競爭中落後。

實例解說

我國近年來雖然推行多項減碳政策，但國人能源消耗量約為世界平均值2.6倍，排放的溫室氣體總量高居世界第16名，顯示政府各項節能辦法仍未落實。2009年第3次全國能源會議後，政府宣布啟動綠色能源產業旭升方案；優先發展低成本、高技術成熟度、對環境影響較低之再生能源資源，如陸域及淺海域風電、屋頂型太陽光電等。行政院於2011年12月通過經濟景氣因應方案，在七大經濟景氣因應策略措施中，列入LED路燈遍全台、百萬太陽光電屋頂等政策，希望綠色產業能在我國開花結果。

另為推動綠色經濟、創造新的就業機會及促進減碳誘因與成效，政府各部門持續依法研訂各種可落實節能減碳的具體措施及誘因，並建議相關

部會應優先考量節能減碳關鍵策略，創造綠色產業利基，使經濟成長及溫室氣體排放不相衝突。

知識連結

　　我國地窄人稠、水源不足、天然能源匱乏，不宜發展高耗水、高耗能的汙染性產業；而我國教育普及、國民教育程度高、勞工素質優良，有利於我國發展高知識及高技術密集產業。因此，台灣應積極發展低耗能、低汙染、高知識及高技術密集的綠色產業，以建造一個「綠色矽島」；且應全力發展綠色環保產業及高附加價值之知識密集產業[16]。

根據資料，全球綠色產業一年的產值是4,000億美元，是電腦硬體產業的2倍，比半導體產業多出3倍。

我國發展「綠色產業」的積極方式有[16]：

1. 調整產業結構，朝向低耗水、低耗能、低汙染的綠色產業發展；並邁向以高知識、高技術、高服務為基礎的現代知識經濟。

2. 發展非核潔淨能源產業，推動全面性的節約能源及提昇能源效率。並提供潔淨能源技術的開發、使用之經濟誘因，以推動潔淨能源之研發。積極排除發展潔淨能源之障礙，積極協助業者取得土地、市電併聯及相關證照等。

3. 推動正確的生態旅遊服務業，配合行政院永續會之《生態旅遊白皮書》，積極推動有利於生態保育的生態旅遊活動。

4. 積極發展農林漁牧休閒產業，研發具環保之農業生產技術，培育優良品種，推行適地適作，以作為發展精緻農業之基礎。

活學活用

企業利潤應建立在安全、健康及人權上，產品之採購、管理及生產應以「無鉛、無毒」為原則，嚴格遵守綠色環保相關規定。

10-2 清潔生產

基本理論

依據聯合國環境規劃署（United Nations Environmental Program, UNEP）的定義：「清潔生產是指持續應用整合且預防的環境策略於製程、產品及服務中，以增加生態效益和減少對於人類及環境的危害。」故清潔生產不僅具有汙染預防的精神，也延長了生產者對產品、環境的責任，並以追求「生態效益」及「永續發展」為目標。然而，不論是哪一個層面的環境議題或規範，均可於包含製程、產品及服務的清潔生產範疇中

尋找到因應的方法；因此，清潔生產是整合因應國際環保議題之利器[26]。

　　清潔生產概念可以應用在許多節能減碳策略上，例如世界自然基金會提出的IT產業排放減量策略即是如此，世界自然基金會（WWF）提出「全球首項資訊科技業二氧化碳減量策略概要」報告，列出10項資訊科技業（IT）可以採用來減少溫室氣體排放量之策略，包括：智慧型城市規劃、智慧型與高能源效率建築物、智慧型與高能源效率電器、去物質化與數位服務、使用IT基準控制與智識管理系統、透過更佳能源消費預測之智慧型工業、改善能源網路、整體式再生能源解決方案、更佳運輸與運輸基礎建設、透過遠距離上班與避免公務出差來提高工作效率[26]。

　　簡言之，清潔生產是指由一系列能滿足永續發展要求的清潔生產方案所組成的生產、管理與規劃系統。

實例解說

　　經濟部技術處為落實科技專案清潔生產技術之研發，已於1999年度科技專案計畫中，委託工研院化工所進行科技專案計畫清潔生產評估作業程序之開發，提供執行經濟部技術處各科技專案之研發單位使用。依此評估程序，只須逐步檢視各研發計畫是否符合清潔生產之理念，進而在研發過程中能夠修改研發方向或是改用毒性較低之化學品或製程。此評估軟體亦適用於國內一般企業之科技研發作業[27]。

知識連結

　　自1990年代以來，綠色風潮席捲全球，環保意識風起雲湧，環保也已成為企業贏取商譽、創造業績的利基。因此，採用優良生產技術、進行清潔生產、屬行工業減廢與資源回收的企業，不但可以降低生產成本，提高產品競爭力，而且由於其環保成就，亦可提昇其商譽，而更增強其市場競

爭力。台灣必須順應這股全球的綠色潮流，在產品的生產方面，要以追求零汙染的清潔生產為目標。在整個生產過程中，應力求減廢；對於資源的投入，則應力求節約[16]。

我國發展「清潔生產」的積極方式有[16]：

1. 培育高級人力資源，因為高級人力資源是發展知識經濟的原動力，是國家競爭力的根本。因此，在面對21世紀全球化激烈競爭的局勢，我國必須培育高級設計、生產及服務人力資源，以促進知識密集產業之發展。其方法有：吸引國際研發人才，引進全球研發資源；鼓勵產、學、研合作培育產業人才，蓄積創新研發能量；成立創新研發中心，建構特殊領域研發優勢。

2. 節約資源投入，因為清潔生產在投入面是指節約資源投入與提高資源使用效率，以減少環境汙染。我國是個既缺水又缺能源的國家，對有限的資源，更應特別珍惜，作最有效的運用。

3. 發展綠色科技以促進清潔生產，作為永續經濟的重心。因為未來綠色科技核心將包含清潔的能源、清潔的水、清潔的材料、清潔的製程和清潔的運輸；透過綠色科技的發展，將可使我國在全球綠色科技產品領域中占有一席之地。

4. 強化廢棄物減量，以達到資源「零浪費、零廢棄」的目標。

5. 推動延長生產者責任制，加重生產者之環保責任；明確規定企業對其生產或提供之產品，應有從生產到報廢全面照顧之責任。

　　使用環保洗劑也是綠色消費的一環，我們在洗碗、洗澡及洗地板時，盡量多使用肥皂或天然小蘇打粉。

思考如何回收時，須考量三個R：減量（Reduce）、再利用（Reuse）、再回收（Recycle）。

10-3 綠色消費或綠色採購

基本理論

綠色消費係指日常生活採行簡樸簡約原則，生活必需品的消費，考量產品對生態環境的衝擊，而選擇購買對環境傷害較少、汙染程度低的產品，其範圍涵蓋了產品或其原料之製造、使用過程及廢棄物處理。消費行為的改變，促使企業願意全面性生產可回收、低汙染、省資源的綠色產品，並擴展綠色產品行銷管道，進而促進資源永續利用，減少汙染，保護環境[24]。

綠色消費或綠色採購指的都是利用藉由消費或採購，選擇具有環保考量的商品或服務，從而促使生產或銷售者提供環保產品。然而在一般用語方面，綠色消費可作為消費者自覺以環境考量作為消費選擇的整個思潮（如綠色消費運動），其範圍涵蓋了商品的生產、運輸、行銷、廢棄過程、回收程度及商品包裝等，或是指個別消費者在選擇商品時依循環保考量的行為。而綠色採購，則是強調政府、企業在進行採購時，將環保考量納入採購的決策之中[24]。

實例解說

以再生紙製造辦公室自動化（OA）用紙為例，行政院環保署已經頒發接近800萬枚標章，產品重量接近20萬公噸。也就是因為使用這些再生紙，可減少使用20萬公噸之原生紙漿，並減少製造這些原生紙漿時使用的能源與相關的汙染排放。在再生紙製造紙製文具與書寫用紙部分，行政院環保署已經頒發約500萬枚環保標章，約可減少使用12萬公噸原生紙漿。

有關省電效益方面，國內目前約有50萬台環保標章電冰箱，若與使用傳統電冰箱情況比較，每年共計約可節省1億度電之使用量，折合每年減少支出約3億元電費，減少因為發電所排碳量約7萬公噸。有關冷氣機項目方面，國內現有30餘萬台環保標章冷氣機，若與傳統冷氣機之平均用電量比較，每年約可節省用電量3,500萬度，約相當於每年減少支出約1億元電費，減少排碳量約2萬公噸[23]。

知識連結

為了配合綠色消費導向，讓消費者能清楚地選擇有利環境的產品，同時也促使販賣及製造之廠商，能因市場之供需，自動地發展有利於環境的產品，行政院環保署特別設計了環保標章的制度，並在1992年3月19日評選出我國的「環保標章」，這個標章圖樣為「一片綠色樹葉包裹著純淨、不受汙染的地球」，亦是象徵著「可回收、低汙染、省資源」的環保理念。它是一種商標，頒發給經過嚴格審查，在各類產品項目中，環保表現最優良的前20～30%的產品；全世界目前共有50餘國推動「環保標章」。消費者使用具有環保標章之綠色產品來取代傳統產品，可以讓我們的環境獲得不少的效益[23]。

我國「環保標章」。

　　為推動國人對環保產品的認知，並建立環保產品的線上購物管道，以提高環保產品的購買與使用率，進而促進全民綠色消費理念，行政院環保署特規劃建置「環保產品線上購物網站」，同時利用該網站發送《綠色消費電子報》，以網路新興科技帶動民眾使用環保產品的風潮，藉以教導環境保護的重要性，並建立國人在生活中實踐環保的消費習慣。相關資料如下[25]：

　　環保產品線上採購網址：http://greenliving.epa.gov.tw/GreenLife/info/procuration/green-procuration-1.aspx

　　如有問題，可Email至gloriamimigo@eri.com.tw。

省水標章

1.箭頭向上,代表將中心的水滴接起,強調回歸再利用,提高用水效率。
2.右邊三條水帶,代表「愛水、親水、節水」,以鼓勵民眾愛護水資源,親近河川、湖泊、水庫,並共同推動節約用水。
3.藍色代表水質純淨清澈,得之不易,應須珍惜。
4.水資源如不虞匱乏,大家皆歡喜,故水滴笑臉迎人。

節能標章

1.節約能源在省油、省電,以手及心形的圖案意為用心節約、實踐省油省電。
2.中央圖案為可燃油料,圖案右方為生活用電,以倡導國人響應節能從生活中的點滴做起。
3.電源、愛心雙手、生生不息的火苗,就是節能。

參考文獻

一、中文

1. 王守民（2011），台灣自然保育政策與現況，心得隨想。摘自：http://www.tmue.edu.tw/~envir2/biodiv/vod/police.pdf

2. 互動百科（2011），《聯合國人類環境宣言》。摘自：http://www.hudong.com/wiki/%E3%80%8A%E8%81%94%E5%90%88%E5%9B%BD%E4%BA%BA%E7%B1%BB%E7%8E%AF%E5%A2%83%E4%BC%9A%E8%AE%AE%E5%AE%A3%E8%A8%80%E3%80%8B

3. 互動百科（2011），21世紀議程。摘自：http://www.hudong.com/wiki/21%E4%B8%96%E7%BA%AA%E8%AE%AE%E7%A8%8B

4. 互動百科（2011），環境規劃。摘自：http://www.hudong.com/wiki/%E7%8E%AF%E5%A2%83%E8%A7%84%E5%88%92

5. 互動百科（2011），社會公平正義。摘自：http://www.hudong.com/wiki/%E7%A4%BE%E4%BC%9A%E5%85%AC%E5%B9%B3%E6%AD%A3%E4%B9%89

6. 中華民國總統府（2011），總統出席「邁向共治、共享、共贏的永續社會──性別平等政策新願景」記者會。摘自：http://www.president.gov.tw/Default.aspx?tabid=131&itemid=25127&rmid=514

7. 中文百科在線（2011），21世紀議程。摘自：http://www.zwbk.org/zh-tw/Lemma_Show/136030.aspx

8. 中央社（2011），翡翠水庫 全台首座水庫碳盤查。魏紜鈴報導，2011/12/19。

9. 中央社（2011），環保智慧 太陽能圖書館啟用。許雅筑報導，2011/10/29。

10. 百度百科（2011），21世紀議程。摘自：http://baike.baidu.com/view/326684.

htm

11. 百度百科（2012），綠色產業。摘自：http://baike.baidu.com/view/51092.htm

12. 行政院（2011），節能減碳愛台灣——節能無悔、牽手減碳。摘自：http://www.ey.gov.tw/ct.asp?xItem=60622&ctNode=3443&mp=95

13. 行政院國家永續發展委員會（2000），「21世紀議程」——中華民國永續發展策略綱領。共198頁，2000/5/18。

14. 行政院經濟建設委員會（2004），台灣21世紀議程國家永續發展願景與策略綱領。共42頁，2004/11/8。

15. 行政院經濟建設委員會（2007），永續社會。摘自：http://www.cepd.gov.tw/m1.aspx?sNo=0000607

16. 行政院經濟建設委員會（2007），永續經濟。摘自：http://www.cepd.gov.tw/m1.aspx?sNo=0000606

17. 行政院國家永續發展委員會（2009），永續發展政策綱領。共121頁，2009/9。

18. 行政院國家永續發展委員會全球資料網（2011），行政院國家永續發展委員會介紹。摘自：http://sta.epa.gov.tw/nsdn/encyclopedia.doc

19. 行政院國家永續發展委員會全球資料網（2011），永續發展小百科。摘自：http://sta.epa.gov.tw/nsdn/encyclopedia.doc

20. 行政院農業委員會林務局台東林區管理處（2011），海岸山脈野生動物重要棲息環境。摘自：http://www.forest.gov.tw/ct.asp?xItem=32689&ctNode=2373&mp=350

21. 行政院環境保護署（2011），節能減碳行動網。摘自：http://ecolife.epa.gov.tw/Cooler/bonus.aspx

22. 行政院環境保護署（2010），聰明用電很簡單！介紹撇步讓你知！摘自：http://ecolife.epa.gov.tw/Cooler/knowledge/item.aspx?key=4868

23. 行政院環境保護署（2011），環保標章觀念。摘自：http://greenliving.epa.gov.tw/GreenLife/info/mark/mark-1.aspx

24. 行政院環境保護署（2011），綠色生活資訊網——FAQ問答集。摘自：http://greenliving.epa.gov.tw/GreenLife/faq/allserch.aspx?word=A%2fst8to1qJQyc7NiLY%2btBw%3d%3d

25. 行政院環境保護署（2011），環保產品線上採購。摘自：http://greenliving.epa.gov.tw/GreenLife/info/procuration/green-procuration-1.aspx

26. 行政院環境保護署（2009），知識庫，甚麼是清潔生產？摘自：http://ecolife.epa.gov.tw/Cooler/knowledge/item.aspx?key=3436

27. 行政院經濟部技術處（2012），清潔生產評估網。摘自：http://cp.e-environment.com.tw/

28. 竹北高中資料科（2011），公害防治。摘自：http://www1.cpshs.hcc.edu.tw/information/%E5%AF%A6%E7%BF%92%E5%B7%A5%E5%A0%B4/%E5%B7%A5%E5%AE%89/14.htm

29. 法國巴黎保險（2011），環保熱汽球，巴黎空氣品質一目了然。摘自：http://www.facebook.com/note.php?note_id=179542918751836

30. 國家政策研究基金會（2000），民眾對社會公平正義的看法。行政院研究發展考核委員會委託計畫，計畫編號RDEC-RES-098-005，共229頁。

31. 新華網（2011），生物多樣性公約。摘自：http://big5.xinhuanet.com/gate/big5/news.xinhuanet.com/ziliao/2004-02/12/content_1311642.htm

32. 嘉義縣環境保護局（2009），河川流域改善成果報告。摘自：http://www.cyepb.gov.tw/water/result_classify.php?classify_sn=75

33. 維基百科（2011），《里約環境與發展宣言》。摘自：http://zh.wikipedia.org/wiki/%E9%87%8C%E7%B4%84%E7%92%B0%E5%A2%83%E8%88%87%E7%99%BC%E5%B1%95%E5%AE%A3%E8%A8%80

34. 維基百科（2011），可持續發展。摘自：http://zh.wikipedia.org/wiki/%E5%8F%AF%E6%8C%81%E7%BB%AD%E5%8F%91%E5%B1%95

35. 維基百科（2011），21世紀議程。摘自：http://zh.wikipedia.org/wiki/21%E4%B8%96%E7%B4%80%E8%AD%B0%E7%A8%8B

36. 維基百科（2011），環境規劃。摘自：http://zh.wikipedia.org/wiki/%E7%8E%AF%E5%A2%83%E8%A7%84%E5%88%92

37. 聯合國新聞部信息技術科（2000），21世紀議程。2000/4/218。摘自：http://ivy3.epa.gov.tw/nsdn/ch/NADOCUMENTS/21NA/21NA.HTM

38. 聯合報（2011），環保有新規　未來機車恐漲價。湯雅雯報導，2011/12/10。

39. 劍潭里全球資訊網（2012），社區環保。摘自：http://sites.google.com/site/jiantanlioffice/home/jie-neng-jian-tan

40. TVBS（2010），熱氣球偵測空氣　神奇土吸髒空氣。摘自：http://www.tvbs.com.tw/news/news_list.asp?no=yuhan081120100928223406

專有名詞簡稱一覽表

1. CDM（Clean Development Mechanism），清潔發展機制。
2. COP15（The Fifteenth Conference of the Parties），締約國第15次會議。
3. EASAC（European Academies Science Advisory Council），歐洲科學院諮詢委員會。
4. EEA（European Economic Association），歐洲經濟協會。
5. EF（enhanced F scale），改良型藤田級數。
6. ET（Emission Trading），溫室氣體的排放權及額度之交易。
7. EUETS（European Union Emission Trading Scheme），歐盟氣體排放交易計畫。
8. IPCC（Intergovernmental Panel on Climate Change），聯合國政府間氣候變遷委員會。
9. JI（Joint Implementation），共同減量。
10. JTWC（Joint Typhoon Warning Center），聯合颱風警報中心。
11. OCHA（Office for the Coordination of Humanitarian Affairs），聯合國人道事務協調辦公室。
12. ORNL（Oak Ridge National Laboratory），美國能源部橡樹嶺國家實驗室。
13. UNCED（The United Nations Conference on Environment and Development），聯合國環境與發展大會。
14. UNCSD（The United Nations Commission on Sustainable Development），聯合國永續發展委員會。
15. UNEP（United Nations Environment Programme），聯合國環境規劃署。
16. UNFCCC（United Nations Framework Convention on Climate Change），《聯合國氣候變化綱要公約》（聯合國中文譯名為《聯合國氣候變化框架公約》）。
17. WB（World Bank），世界銀行。

18. WCED（World Commission on Environment and Development），世界環境與發展委員會。
19. WHO（World Health Organization），世界衛生組織。
20. WMO（World Meteorological Organization），世界氣象組織。

實踐大學數位出版合作系列

科普新知類　PB0014

抗暖化，我也可以
——氣候變遷與永續發展

作　　者/張瑞剛

繪　　圖/林育辰・張瑞剛

統籌策劃/葉立誠

文字編輯/王雯珊

封面設計/陳佩蓉

執行編輯/蔡曉雯

圖文排版/邱瀞誼

發 行 人/宋政坤

法律顧問/毛國樑　律師

印製出版/秀威資訊科技股份有限公司

　　　　　114台北市內湖區瑞光路76巷65號1樓

　　　　　電話：+886-2-2796-3638　傳真：+886-2-2796-1377

　　　　　http://www.showwe.com.tw

劃撥帳號/19563868　戶名：秀威資訊科技股份有限公司

　　　　　讀者服務信箱：service@showwe.com.tw

展售門市/國家書店（松江門市）

　　　　　104台北市中山區松江路209號1樓

　　　　　電話：+886-2-2518-0207　傳真：+886-2-2518-0778

網路訂購/秀威網路書店：http://www.bodbooks.com.tw

　　　　　國家網路書店：http://www.govbooks.com.tw

圖書經銷/紅螞蟻圖書有限公司

　　　　　114台北市內湖區舊宗路二段121巷28、32號4樓

　　　　　電話：+886-2-2795-3656　傳真：+886-2-2795-4100

2012年4月BOD一版

定價：380元

國家圖書館出版品預行編目

抗暖化, 我也可以 : 氣候變遷與永續發展 / 張瑞剛著. -- 一
版. -- 臺北市 : 秀威資訊科技, 2012. 04
　　面 ; 公分. -- (科普新知 ; PB0014)
BOD版
ISBN 978-986-221-930-0(平裝)

1. 地球暖化 2. 氣候變遷 3. 氣候災害

328.8018   101002693

讀 者 回 函 卡

感謝您購買本書,為提升服務品質,請填妥以下資料,將讀者回函卡直接寄回或傳真本公司,收到您的寶貴意見後,我們會收藏記錄及檢討,謝謝!如您需要了解本公司最新出版書目、購書優惠或企劃活動,歡迎您上網查詢或下載相關資料:http:// www.showwe.com.tw

您購買的書名:_____

出生日期:_____年_____月_____日

學歷:□高中 (含) 以下　　□大專　　□研究所 (含) 以上

職業:□製造業　□金融業　□資訊業　□軍警　□傳播業　□自由業

　　　□服務業　□公務員　□教職　　□學生　□家管　　□其它_____

購書地點:□網路書店　□實體書店　□書展　□郵購　□贈閱　□其他

您從何得知本書的消息?

　□網路書店　□實體書店　□網路搜尋　□電子報　□書訊　□雜誌

　□傳播媒體　□親友推薦　□網站推薦　□部落格　□其他_____

您對本書的評價:(請填代號　1.非常滿意　2.滿意　3.尚可　4.再改進)

　封面設計____　版面編排____　內容____　文╱譯筆____　價格____

讀完書後您覺得:

　□很有收穫　□有收穫　□收穫不多　□沒收穫

對我們的建議:_____

_____

_____

_____

11466
台北市內湖區瑞光路 76 巷 65 號 1 樓
秀威資訊科技股份有限公司　　　收
BOD 數位出版事業部

....

（請沿線對折寄回，謝謝！）

姓　　名：＿＿＿＿＿＿＿＿　年齡：＿＿＿＿　性別：□女　□男

郵遞區號：□□□□□

地　　址：＿＿＿＿＿＿＿＿＿＿＿＿＿＿＿＿＿＿＿＿＿＿

聯絡電話：(日)＿＿＿＿＿＿＿＿＿＿ (夜)＿＿＿＿＿＿＿＿＿＿

E-mail：＿＿＿＿＿＿＿＿＿＿＿＿＿＿＿＿＿＿＿＿＿